KUWEI

酷威文化

图书 影视

Super Action

超级行动力

陈默 著

陕西新华出版传媒集团

太白文艺出版社

目 录

C O N T E N T S

◆ 第 一 章
认 识 自 我

1. 认识你自己——认识你自己的现状，罗列你现在的状态　　　/ 003
2. 关键问题：什么在阻止你的成功　　　/ 007
3. 拖延症——看不见的人生杀手　　　/ 009
4. 时间就是金钱——掌握了时间就拥有了一切　　　/ 012
5. 用时多≠效率高——它们不是等式　　　/ 016
6. 计划太多，不如直接去做　　　/ 019
7. 优化环境——排除一切干扰因素　　　/ 022
8. 人生目标——你想要拥有什么样的人生　　　/ 026

◆ 第二章

制订计划

1. 量力而行——计划具备可执行性　　　　　　　　　/ 033
2. 认清目标——长期目标和短期目标　　　　　　　　/ 036
3. 目标分层——做好目标细化　　　　　　　　　　　/ 040
4. 学会调整——让你的生活变得更加可控　　　　　　/ 044
5. 合理排序——事有轻重缓急　　　　　　　　　　　/ 049
6. 目标量化——定时回顾总结　　　　　　　　　　　/ 053
7. 制定标准——什么才算是标准　　　　　　　　　　/ 056
8. 欲望清单——设置奖励机制　　　　　　　　　　　/ 060
9. 按部就班——奖励不是放任　　　　　　　　　　　/ 064
10. 思维习惯——行动后再思考　　　　　　　　　　　/ 068
11. 目标复盘——把经验转为能力　　　　　　　　　　/ 072

◆ 第三章

时间管理

1. 时间意识——你的时间为什么总是不够用　　　　　/ 079
2. 高效率≠用时长——学会跟时间做朋友　　　　　　/ 082
3. 番茄工作法——效率专注的培养　　　　　　　　　/ 086
4. 时间观念——学会统筹时间，才能高效行动　　　　/ 089
5. 时间成本控制——把精力放在最有效的事情上　　　/ 092
6. 拒绝拖延——今日事，今日毕　　　　　　　　　　/ 094
7. 自控力——你的人生助手　　　　　　　　　　　　/ 097
8. 掌握节奏——限定时间，才能更好地执行　　　　　/ 101
9. 时间管理——学学大师级的时间管理术　　　　　　/ 104
10. 差距——你和目标的差距有多大　　　　　　　　　/ 108

◆ 第四章

行 动 执 行

1. 原则——现在动手去做 　　　　　　　　　　/ 115

2. 迈出第一步——好的开始是成功的一半 　　　/ 118

3. 行动思维——积极地面对即将到来的一切 　　/ 121

4. 摆脱拖延症——让你的生活更高效 　　　　　/ 124

5. 由小见大——从小事开始做起 　　　　　　　/ 127

6. 行动表现——从开始到最后 　　　　　　　　/ 130

7. 行动重点——从重要的事情开始做起 　　　　/ 134

8. 化整为零——任务分解，让生活更轻松 　　　/ 137

9. 督促自己——把计划变成生活 　　　　　　　/ 140

10. 对自己负责——你想要的生活状态和生活方式 / 143

11. 格局——做事情要学会长远考虑 　　　　　　/ 147

◆ 第五章

个 人 管 理

1. 归零——重新开始，从零出发 　　　　　　　/ 153

2. 坚持——生活中的不平凡 　　　　　　　　　/ 156

3. 抵制诱惑——才能活出自己 　　　　　　　　/ 160

4. 学会自律——自律就是自由 　　　　　　　　/ 164

5. 强化意识——不做差不多，要做就做到最好 　/ 167

6. 自觉执行——拒绝借口，做事不拖沓 　　　　/ 170

7. 吸引定律——物以类聚，人以群分 　　　　　/ 174

8. 人际管理——学会运用你的人脉资源 　　　　/ 178

9. 双赢思维——协调工作和生活 　　　　　　　/ 182

10. 未来人生——成为一个高效能人士 　　　　　/ 185

第 一 章
认 识 自 我

1. 认识你自己——认识你自己的现状，罗列你现在的状态

前一阵子，某档真人秀中，某个嘉宾对父母、伴侣、孩子、自己的重要性进行排序，把自己放在了第一位。节目一经播出，引起了巨大的社会反响。有人认为孩子应该被放在第一位，因为此后的人生需要和他们一起度过。选什么的人都有，但比例最少的是选自己的。其实，很多时候我们最容易忽视的就是自我感受。萨特曾经说过："他人即地狱。"容易迷失在他人的生活中，是大多数人会犯的错误。

因此，个人管理上最重要的一条就是正视自我。你真的认识自己吗？你有多久没有和自己坦诚相待过了？回答不出来也没关系。从现在开始，认识自己。认识你的人生，重新规划你的生活。

我有一个朋友，20多岁，大学毕业已经两年了，但她的工作却总是换来换去。每次问她辞职的理由，她都会说："我并不适合做这份工作，在深入接触之后，我才发现自己并不喜欢这份工作。"她就这样前前后后换了四五份工作。难道她的离职真的是因为不喜欢这份工作吗？其实，大多数人都混淆了喜欢和适合两者之间的差别，喜欢的不一定是适合的。盲目离职，是没有明确的人生规划的体现，因为人生规划最基本的要求是要有明确的自我认知。

我的这个朋友曾经在一个辅导机构做英语老师。那段时间，

她每天跟我们分享工作上的趣事，但没坚持多久，她就以工作太累为由辞职了。她辞职之后，又进入了一家公司做文员，朝九晚五，平平淡淡，工资不高但很轻松。过了一段时间之后，她对这份工作也不满意，微薄的薪水根本不能负担她的生活支出，就这样，她很快向上司递上了辞呈。

她决定停下来好好地休息一下。那段时间，我们很少联系。再见面时，我们却清楚地看到了她的变化。原来，她想起自己获得过省级英语竞赛亚军，内心最喜欢的其实是英语。而她以前从来没有去了解过自己最想要的到底是什么。摸索着前进不是一件坏事，但却不应该一味地蒙头乱撞。经过那段时间的休息，她终于找到了自己的人生目标，并为之制订了切实可行的计划。现在，她已经是某教育机构的一名高级主管。

每个人都有属于自己的、独一无二的人生，我们并不能复制他人的人生，但我们可以学习借鉴他人成功的方法，为自己的人生助力。

我的这个朋友能够成功的原因有3点：首先，她分析了自己的优势和劣势，知道自己的专长在哪个方向，也清楚自己的短板在哪里，学会了扬长避短；其次，她清楚地知道自己的需求，既然决定要在英语培训行业做下去，那么就必须让自己拥有不错的英语水平，有了需求，就有了进步方向；最后，她真正认识了自己，也敢于做独一无二的自己。在人生不同的阶段，我们对自己的认知可能并不全面，这就要求我们有试错的勇气。真正去了解自己，才是专属自己一生的财富。

或许有人会认为，我怎么可能不了解我自己呢？其实有时候，你最容易忽视的就是你自己。看着身边人来人往，就错以为随波逐流就是你的人生选择，但其实人生是需要自己一个人去经历的。只有自己做决策，才能够真正地成长。你可以从心出发，展现自己真实的生活状态；也可以从工作、生活、人际交往、个人管理这几个方面入手，用表格来整理自己的日常生活。但整理并不是简单收纳，而是反思总结，然后为自己的未来做规划。

工作	现在的这份工作是不是你喜欢的？ （请进行具体描述）
生活	你每天下班后花费最多时间做的一件事情是什么？ 你觉得做这件事情值得吗？ （请进行具体描述）
人际交往	你现在的人际关系怎么样？ （请进行具体描述）
个人管理	你喜欢一个人独处吗？ 独处时，你都会做些什么？ （请进行具体描述）

　　如果上述问题你已经有了明确的答案，那么相信你对自己的现状也有了一个大致的了解。如果你想要有一些改变，那么，下面的表格可能会对你有一些帮助。

工作	你想要做什么？ 你对未来的期许是怎样的？ 你为了想要的生活需要付出什么样的努力？
生活	你现在的生活作息规律吗？ 你需要做出什么样的改变？ 你接下来的打算是什么？
人际交往	你现在的人际关系怎么样？ 你觉得自己在与人交往上需要怎样的提升？ 如果感到疲倦，你觉得问题在哪儿？ 你需要哪些交往技巧？
个人管理	你做的这些事情对你未来的目标有帮助吗？

　　认清自己，用一种全新的视野去看待现在的生活；认清自己，接纳自己的不完美，做出一些改变。明确人生目标，规划自己的人生之路，那么你的未来一定会生机勃勃。

2. 关键问题：什么在阻止你的成功

一个同事在一次会议之后，问了我这样一个问题："怎样才可以成为像你一样的人呢？"听到这个问题的时候，我不禁有些恍惚。虽然我经常会给一些应届生或者资历较浅的同事进行心理疏导，但这样直接的提问，我却是第一次遇见。

之后，我们一起吃了午饭。在吃午饭的过程中，我慢慢了解到，这个同事进入职场已经有两年的时间了，却一直没有什么业绩，职位至今未曾得到提升。她说自己工作的时候，明明拼尽全力去做，却始终没有好的结果。

每次任务她都需要花费很长的时间做准备，以至于很难按时完成。很显然，她的主要问题在于行动力。

"行动力"，说起来简简单单的 3 个字，但有句古话说："说起来容易做起来难。"

你察觉到自己在某些地方有不足的时候，第一反应是做出改变。你拿起纸和笔，开始为未来的人生做规划。在这个过程中，你被一种满足感包围着。在这段时间内，你清楚地知道自己想要的是什么。但之后呢？你真的能按照你的计划去完成每一个小目标吗？如果你的答案是否定的，那我可以十分负责任地告诉你：你浪费了你的人生。这或许就是你总会看到自己和别人的差距在不断地拉大的原因。

我身边的一个朋友，在某公司任职。她资质平平，却凭借自己的努力，在短短两年间坐上了主管的位置。这件事在他们公司一直都是一个神话，因为以前这家公司主管及以上职位都被老员工占据。那么，是什么让这位朋友在两年之内坐上了众人瞩目的位置呢？作为见证人的我，其实早已知晓真正的原因。

最开始，这份工作对她来说是一个挑战。大学的时候，她主修计算机专业。因为对平面设计感兴趣，所以大学毕业之后，她进入一家平面设计公司当实习生。

在艰难度过3个月的试用期的过程中，她清楚地认识到了职场的残酷和辛苦。

刚开始，她几乎每一天都小心翼翼的，生怕一不小心就掉队了。在这样紧张的环境中，她一点点地取得进步。看到她这么累，我也曾劝过她辞职，她却没有同意。

她不断地给自己充电，报学习班，阅读相关书籍。3个月后，她终于开始独立设计产品，并且意外获得了客户的表扬，她很开心。最终，她被这家公司留用了。

当你对某件事情有了想法，就开始行动吧。我曾经做过一次针对300名应届毕业生的问卷调查："你觉得什么因素阻止你完成某件事情？"调查结果显示，超过半数的人认为是"拖延症"。

人与人之间的差距客观存在，有些差距源自出身，但更多的差距是在成长过程中形成并被不断拉大的。

"井底之蛙"的故事，我们应该都听过。青蛙以为自己被束缚在小天地之中，所以，它看到的天空就那么大。

只有奋力地跳出舒适区，才能看到更广阔的世界。当你想放弃的时候，不妨先试着改变。这并不是被现实残酷打击之后，头脑发热的行为，而是经过深思熟虑之后，一步步迈向成功的脚步。

你现在走的每一步，都影响着你的未来。尽管前方困难重重，但只要你坚持下去，就会得到奖励。如果你选择浅尝辄止，那你将两手空空地回到原本的位置。没有不用付出就可以收获的美梦。如果还未开始，就认为自己不能成功，那么，任何微不足道的困难都将让你寸步难行。

这世界上本就没有容易的事情，没有所谓的捷径。只要画好自己人生的每一笔，属于你的雨后彩虹必然在不远处等你。

3. 拖延症——看不见的人生杀手

临近大学毕业的那段时间，我整天待在宿舍逃避现实。

看到同学们找到了工作，我内心焦虑不已，却没有做出任何改变。

　　有时候，我想着明天一定要做一些不一样的事情。前一晚制订好计划，规划明天早起之后要做的事情。但到了第二天晚上，却发现计划做的事情一件都没有做。于是，我的想法又变成了"今天实在太晚了，明天再开始做吧"。就这样，计划被无限期地往后延，永远都比别人慢一步。

　　一件极其简单的事情，但在我的手中就变成了一座翻不过去的大山。当这件事情被拖到非做不可的时候，我已经没有任何理由再去推辞，于是我开始熬夜补救。那几天我的生活暗无天日，在紧张中度过。人生在不知不觉地被我透支。

　　为什么生活变成了现在这个样子？我反复地在心中问自己。我原本设想的生活状态应该是轻松地应对生活中的一切事情。我很早之前就已经规划好自己的生活了，知道自己想要的是什么。但不知道从什么时候开始，我的人生偏离了原本的轨迹。生活不再按照我设想的发展，甚至背道而驰。生活中无尽的享乐让我迷失了方向。我享受短暂的快乐，却忘记了原本的自己。

　　毕业还是如约而至，收拾行李离开的那一刻，我仿佛忽然有了方向。虽然不知道自己具体想要做什么，但还是尽量做好心理准备，迎接自己人生中的第一份工作。很幸运，在这家公司，我遇到了很多对我未来人生规划有很大影响的人。他们教会我的不仅仅是如何更好地工作，还有如何规划自己的人生。有时候，我们并不清楚自己为什么做出这样或那样的选择，但其实生活中有一双"看不见的手"，在黑暗中掌控着我们的人生，这双"看不见的手"就是拖延症。

拖延症是如何慢慢地掌控人生的呢？原来，它早已渗透到生活的每个角落。在生活没有被它掌控的时候，它就耐心地等待，伺机寻找任何可以进入我们生活的空隙。在我们放松戒备的时候，它立刻长驱直入，完全掌控我们的生活，让我们沦为它的手下败将。

我们既然已经认识了拖延症，那么它又是如何产生的呢？

首先，拖延症是畏难情绪的衍生品。它时刻存在于我们的生活中，是因为抱怨、不满等负面情绪过于强烈而导致的，是我们寻求内心安慰的挡箭牌。在它的"保护"下，我们看不到眼前的问题，从而产生一切顺利的错觉。

其次，拖延症是因为对生活没有规划而造成的。它让我们的日常生活看似忙碌，却并不充实。没有规划，混乱无序，让我们逐渐失去对生活的期待，也让人生逐渐失去了意义。

再次，目标感不强。你的目标应该是把某一个项目做好，而不仅仅是及格。为自己的人生设置目标，不是为了炫耀，而是为了给自己的付出一个交代。

最后，做事之前想太多。想太多，是指你做事情、看待问题的方式。与其做事之前背负沉重的心理压力，不如以一个简单的心态开始，在过程中多思考，这才是一种更好的方式。

　　如果说拖延症拉低了我们的生活质量，那么，把人生掌控在自己的手中的生活，会是什么样子呢？在一家上市企业任职的小李也曾迷茫过，无所事事地过着每一天。那些日子他并不快乐，只是觉得自己承担着一些自己也不清楚的压力在生活。持续了一段时间后，他忽然意识到自己不应该这样生活下去。于是，他准确地分析利弊，及时调整自己的状态，不断充实自己。在他的努力下，工作更加顺利了，处理问题也游刃有余，不再事事都需要别人的帮助。在取得了不错的业绩后，他已经被当作储备主管进行培养了。

　　对自己有清醒的认知，知道前方困难重重，还是依旧前进、努力坚持的人，才是摆脱了拖延症的人。当犹豫不决占据你的生活的时候，就说明你已经被拖延症掌控了。如果不进行调整，便只能一直颓废下去，正所谓"明日复明日，明日何其多"。如果你发现自己正被拖延症困扰，请现在就开始行动起来，做出改变吧！

4. 时间就是金钱——掌握了时间就拥有了一切

　　前段时间，我重温了电影《垫底辣妹》。这是一部关于后进生逆袭的电影。女主角起初是一个问题学生，丝毫没有把学习放在心上。由于她经常被老师找去谈话，母亲索性将她送到了补习班。刚开始，女主角依旧是一种游戏人生的态度。随着剧情发展，女主角最终逆袭考上了日本庆应大学。虽然这只是一部电影，但却是根据真实事件改编的。

"时间就像是海绵里的水，只要愿意挤，总还是有的。"这是鲁迅先生的名言。时间公平地对待每一个人，每一个人的一天都只有 24 个小时。关于如何度过这一天，人和人之间却形成了巨大的反差。

有的人每分每秒都在创造着价值。在这些短暂的时光里，他们看到了自己想要的未来，就像《垫底辣妹》中的女主角，经过沉淀之后，创造了属于自己的奇迹。时间对每个人都是公平的，但我们却拥有不一样的人生。人的一生，说短也短，说长也长，关键在于：你想怎么活？你如何定义你的人生？你对于自己未来的设想是什么样的？有的人早就对自己的人生就做好了规划，对自己的未来也有了一个大概的设想，笃定地说："我未来的生活就应该是这样。"但大部分人都非常迷茫，他们在浑浑噩噩中度过了人生中的每一天。在社会高度发展的当下，我们面临的诱惑越来越多，吸引着我们的目光，选择越多，我们越迷茫。但知道自己想要的是什么，是对自己负责的表现。

　　经济学上有一个概念叫作时间成本，指一定量资金在不同时点上的价值量产差额。在生活实践中，如何计算自己的时间成本，正确地掌控自己的时间，让自己的人生更加接近自己想要的样子呢？其实计算时间成本很简单。打个比方来说，你今天的任务本来是完成某一个项目，但由于各种各样的原因，这个项目被推延到了明天。原因是你在今天做了很多无关紧要的事情，导致时间不足，项目延期。结果到了明天，其他需要处理的事情纷至沓来，你手中的工作越来越多，项目也因此一拖再拖。最终因为拖延而导致项目资金浪费，这就是典型的时间成本过高的表现。

　　我认识的一个姑娘，她十分确定自己想要什么。她未来想从事出版行业。在大学期间，她积极地参加学校的各种征文活动，通过阅读不断充实自己的专业知识。之后，她签约某网站写小说，实习时还去了一家自己喜欢的出版社。她有时候会说自己很累，但我能感受到她的日子过得十分充实。她曾跟我谈论她对未来的展望，语气中不乏对美好未来的向往。

　　如果你对未来还没有明确的规划，那请你认真地对待生活。无论在生活里，还是工作中，你都要树立时间成本观念，并且能够结合自己的实际情况进行时间投资。时间是你最亲密的朋友，能够成为你前进道路上的左膀右臂。在生活中，充分利用碎片时间，培养兴趣爱好，例如弹吉他、画画等，避免无所事事的状态，尽量做一些有意义的事情。充实自己，其实也是一个放松的过程。你的人生还拥有无数种可能，不要被现有的观念阻挡了前进的步伐。每个人都是自己生活的规划师，最了解自己的那个人永远是自己。学会投资时间，才能让未来的自己更美好。

大部分企业家都有非常强的时间观念，争分夺秒是他们生活的常态。万达公司的董事长王健林有明确的时间成本观念，总是清楚地知道自己想要什么。

王健林之前是一名军人，特别注重个人时间上的分配。他保持着良好的作息习惯。网络上曾经晒出一张他的作息时间表，在这张表上，我们可以清楚地看出他的努力。同样的 24 小时，有人把每分每秒都利用起来。每天凌晨 4 点，他就已经起床了，锻炼身体、吃早饭，之后立刻开始工作，并一直工作到晚上 7 点钟，甚至午餐都是在工作中吃完的。他把时间掌握在自己的手中，对于别人来说，这可能是忙碌的一天，但对于他来说，这只是自己人生中最平凡的一天。

成功的企业家敬畏时间，因为他们知道人生的短暂。除去休息的时间，可以真正掌控在每个人的手中的时间其实非常有限。小米科技的董事长雷军在接受采访时说："每天中午，我吃饭只用差不多 3 分钟的时间。"他为了完成自己的目标，把自己的时间进行合理分配，还不断调整自己的状态。而掌握时间，是掌控自己人生的基础。

时间就是金钱。大多数人的心里清楚自己应该做什么，但并不是所有人都能够合理地掌控时间。当你持之以恒地坚持做一件事，时间总会给你答案。

5. 用时多≠效率高——它们不是等式

相信在你成长的过程中，你应该见过这样的现象。同班的某同学，平时贪玩好动，但每次考试都名列前茅。你为此困惑不解，明明自己也在不断地努力，为什么你们之间的差距还是那么大，难道是你努力程度不够吗？你开始怀疑自己。

其实你把自己困在了一个怪圈中，这也是传统的学习心态：成绩不好，一定是自己不够认真。身边的长辈也会提醒你要多读书。但这样真的有用吗？事实上，这样的方式对提高你的学习成绩并没有太大的帮助。

努力，有时候并不是一个褒义词。努力过后，事事就能如你所愿吗？答案是否定的。太多人都打着努力的幌子做着一些无用功。那些把努力与成功画上等号的人，无疑是自欺欺人。人们常常会自我感动，但事实上，缺乏效率的努力只是白费力气，对你的生活和工作没有任何帮助。花费很多时间有时候还抵不上别人短时间内所达到的成就。

既然用时多并不等于高效率，那么怎么样才能提高效率？

首先，你应该设立自己的目标，这个目标需要既简单又容易实现。我的同事小李，绝对是一个努力的人。他是领导和同事眼中的优秀员工，大家都对他寄予厚望。但在公司的一个项目中，他的表现却让所有人大失所望。原本领导想通过这个项目，给他一个晋升的机会。得知这个消息之后，小李更消沉了，领导让他好好休息一下。等到再次见面的时候，我发现他身上有一些东西不一样了。

某次聚餐，谈到他现在的改变，他说："应该感谢那次项目，让我能及时地从这种自我感动的怪圈中走出来。"我这才知道，原来他一直花费很多的时间去感动自己，但生活并没有给他带来幸福感。相反，他沉浸在自我感动之中，得到的只是短暂的满足。为了给大家留下好印象，他经常打乱自己的计划。表面上的虚荣遮盖住了太多的东西，他每天的生活都找不到归属感。工作中原本应该追求的效率至上，被他抛之脑后。而原本想要取得好业绩的心，慢慢迷失了。说到底，他的目标变得复杂了，早已不是最初的目标。因此，把自己的目标简单化，看似在给人生做减法，其实是在做加法。

　　另外，主动去解决工作上出现的问题。当你的工作发生变化的时候，会有一些细微的信号。如果你能正确地接收这些信号，及时地扭转局面，你就会在工作时得心应手。但大多数人并不能正确地接收工作中的信号。

　　我认识的一个大学师妹，刚刚入职一家企业。虽然她对理论知识十分熟稔，但缺乏实际运用中的经验，这导致她的工作进度比同期入职的同事要慢许多。其实，实习期间，导师就提醒她应该注重实践了，但她一直忽略了这个提醒。要知道，及时处理工作中出现的问题，是对自己负责的表现。只有及时调整自己的状态，在实际工作中才不会手忙脚乱。

　　最后，无论是在学习还是在工作的过程中，我们要学会与时俱进，更新自己的学习方式。

　　我身边的一个朋友，他的工作每天都要和各种各样的数据打交道。之前，前辈曾经向他传授过一些统计经验。这在刚开始工作的时候确实有所帮助，让他的工作更加顺利。此后，随着工作任务的调整，前辈的经验开始不适用了。可他没有调整自己的状态，反而继续依靠旧经验，结果造成计算错误，差点耽误了整个项目的进度。说这件事情是想要提醒大家，工作中没有绝对合适的"方程式"，只有不断地学习，你才有处变不惊的底气。

　　我们常常被不相关的事情迷惑。当你感觉到生活疲惫的时候，或许就是从既有的圈子跳出来的契机。一味地沉浸在自我满足的状态中，并没有办法让你取得效率最大值。如何在最短的时间内寻找到事件的"最优解"，这才是一位时间管理者要去思考的事情。打破以往的传统观念，花费最多的时间做某件事情已经不再是优点了，也不再适用现如今的社会环境。高效才是生活、工作的根本目标。

6. 计划太多，不如直接去做

从前，有两户人家是邻居，但两家的收入水平却相差甚远。富人一家在当地开了一家公司，家中条件很好，家产颇丰，对孩子十分溺爱。另外一家却非常平凡，除了居住的房子比较值钱之外，存款很少，生活并不富裕，父亲靠着一家小店抚养孩子。

富人有一天跟自己的儿子说："你现在还年轻，可以尽情地尝试，在实践中寻找自己想做的事情，你可以做医生、老师，或是别的什么工作。但你一旦发现了自己喜欢的职业，就一定要一直坚持下去。"于是，他的儿子开始寻找自己喜欢的职业。刚开始，他选择去做律师，但没过几天，他就觉得这份工作太累，因此辞职回家。之后，他又选择跟医生学习，因为他觉得救死扶伤的医生特别帅气，没几天，他觉得这项工作的太危险，又决定放弃了。就这样，他不断地尝试，过了好几年，他还是没有找到自己喜欢的职业。这时候，他的父亲因为经营不善，家产越来越少，一家人的生活水平直线下降。

另外一家的父亲跟自己的儿子说："我们家的条件比不上别人，我也没有什么能给你的，我唯一会的就是做生意了。虽然现在咱家的小店只是勉强维持，但只要你愿意学习，我会手把手教你。"于是，儿子就跟父亲学起了做生意。刚开始他并不喜欢这个工作。但他没有别的选择，只能勉强自己努力学习。慢慢地，他在工作中找到了乐趣。通过学到的知识和自己的努力，他毕业之后就开了自己的服装店，生意越做越大，他也成为该市的杰出青年代表。

有时候，面对的选择太多，对你来说并不一定是件好事。正所谓"祸兮福之所倚，福兮祸之所伏"，就算你面临的选择很多，你也未必能在这些选择中找到适合自己的位置。更多选择带来的只是人生中一个又一个的规划，而繁多规划的背后则是一事无成。这也是很多人都会做规划，但却少有人会成功的原因。

当一个人想要开始改变的时候，第一个想法就是为未来的人生做规划。尽快地改变现状，在这些规划执行的过程中你能够看到一些改变，但大多数人都是思想上的巨人、行动中的矮子。你是否还记得去年你都做了哪些规划？哪些被执行了呢？规划做得再多，不如认准一个目标直接去做。

现在就开始动手做，抛开身边一切阻挡你前进的事物。不要执着于做规划，规划做得再完美，如果没有付诸实践，一切就只是空谈。你想要改变你现在的生活状态，就从现在开始吧。尽管会遇到重重困难，但只要有克服一切困难的决心，你一定可以走到终点。执行力最大的拦路虎就是拖延症。你不断地给自己找退路，最后的结果就是没退路。如果你的计划泡汤，并不一定是计划不合理，而是你没有为自己的目标拼尽全力。拖延症一旦找上你，慢慢地就会成为你自身的一部分。大部分人的生活都是平凡的，但依旧有一小部分人过上了自己想要的生活。只有现在就做，才有可能达到你想要的目标。

欧洲文艺复兴时期最著名的画家达·芬奇，从小就对绘画产生了浓厚的兴趣。在他跟随佛罗基奥学习绘画的过程中，老师让他从画蛋开始。刚开始的时候，他觉得这个任务简单极了。但画了十多天，老师还是只让他画蛋。他不知道老师的用意，十分困惑。老师从他的画中看到了他最近情绪上的变化，于是就跟他说："不要以为自己在做无用功，其实每一个蛋都是不一样的，并且你从不同的角度去观察这个蛋，它也是不尽相同的。"达·芬奇瞬间就明白了老师的用意，是自己被暂时的烦躁蒙蔽了双眼。遇到问题的时候不是想办法解决，而是把时间浪费在永无止境的抱怨上面。只有行动才能更快地接近自己的目标。达·芬奇后来果然成为一代大师。

汤姆·霍金普斯是房产销售的吉尼斯世界纪录保持者，当大家向他请教是如何做到平均每天都能卖出一套房子时，他的答案就只有简单的4个字"现在去做"。或许你不相信成功的秘诀会这么简单，但事实就是如此。简单不代表不重要，只是大多数人都忽视了行动的重要性。

如果你非常明确自己的目标，那么现在就开始行动吧。无论你的目标是什么，只要你现在做的事情对自己的目标有益，你就会越来越靠近自己的目标。假如你是不断幻想未来的空想主义者，那么你的未来也就是你的现在。只有善于行动的实干家，才能一步一个脚印地走向美好未来。

7. 优化环境——排除一切干扰因素

古人云："近朱者赤，近墨者黑。"一个好的环境，对于个人成长是极其重要的。"孟母三迁"的故事几乎尽人皆知，孟母为了让孟子有一个好的学习环境，从郊区的墓地附近搬到城中的市集，最后搬到学校附近。

"孟母三迁"的故事说明，环境在人的成长过程中占据着重要的地位。对于小朋友来说，模仿是他们幼年时期最明显的行为特征之一。正因为孟母三迁，才造就了伟大的思想家、教育家孟子。影响目标实现的因素有很多，生活中的诱惑越多，就越不容易坚守自我。

在小朋友的成长过程中，注意力不集中，一直都是困扰家长的问题。我身边一个教育行业的伙伴曾经谈到这个问题，她提到的一个现象让人深思。她说在小朋友的世界中最具吸引力的是动画片，而动画片的衍生品几乎席卷了小朋友生活中的方方面面。从生活用品到学习用品，无一不是动画片里的人物。这导致小朋友上课时注意力不集中。她负责的班级中有许多类似的事情发生，多数小朋友走神只是因为被可爱的文具吸引了目光。

这个现象其实可以延伸到成年人身上。人们都以为网红产品能够让自己在学习上更加专注，但事实并非如此，你的学习并不会因为这些东西而更加高效。在学习的过程中，要明确自己的目标，把注意力集中在自己需要做的事情上才是最重要的。

华为是在 IT（互联网技术）行业有着重要影响力的企业，近几年的发展十分迅速。能够在通信行业走到现在的位置，离不开每一位员工的付出，毕竟，华为的高效率是业内公认的。华为为了提高工作效率，将办公空间分成计算机作业区、收纳储藏区以及文书处理区 3 个区域。这 3 个区域分工明确。计算机作业区主要摆放计算机相关设备。收纳储藏区主要存放使用不太频繁的书籍、文件等。文书处理区则是为了让文书办公更加高效，排除外在电子信息的干扰。

合理分配办公资源，让员工的工作空间能够最大限度地利用起来，在任何时候都能最快地找到自己需要的物品。有序的物品摆放，也让他们的工作更加高效。

在工作中，物品的整洁有序能够让你的工作更加高效。华为高效率的工作环境既是环境优化的选择，也是专注力培养的结果。没有人能够隔绝开生活中出现的各种诱惑，在成长的过程中要严格要求自己，目标始终如一。

我的办公区域就很少出现跟工作无关的东西，永远都只有电脑、笔和记事本。刚进入职场的时候，我买了各种东西来装饰工位。那个时候，我特别喜欢一个玩偶，每次看到它，心情都很好。在工作的过程中，我无数次被这个玩偶吸引注意力，它影响了我的工作效率，于是，我就把它带回了家。我清楚地知道这个东西分散了我的注意力，所以选择拒绝干扰，主动优化环境。

对于中国人来说，刘翔可谓是家喻户晓。2004 年，在雅典奥运会男子 110 米栏项目决赛中，他以 12 秒 91 的成绩追平了英国名将科林·杰克逊创造的 12 秒 91 的世界纪录，成为世界直道项目冠军榜上的第一个亚洲人。这项殊荣也成为刘翔最大的标签和他立足的根本。

之后，某年的春晚曾经邀请刘翔参加节目并献唱歌曲。刘翔却说："我已决定不再当众唱歌，因为我想告诉大家，我是一名运动员。"

哪怕已经取得许多荣耀，刘翔丝毫没有忘却自己运动员的身份，能够在诱惑中坚守自己。懂得拒绝的人，懂得排除身边出现的一切干扰。懂得给自己的生活和工作做减法的人，才最可能知道自己未来前进的方向。

优化身边的环境，是一门需要不断学习的整理术。明确自己的目标，真正清楚自己想要的是什么，而不是人云亦云、随波逐流。

抛开生活中那些束缚你前进的事物，把它们收纳到其他地方吧。当你开始学习工作的时候，专注事情本身。培养自制力，不要被无关紧要的事物抓住了视线，从而让事情偏离了正确的轨道。我们应该在工作中坚持不受外界事物的干扰，只有专心致志，才能把每件事情做到最好。

8. 人生目标——你想要拥有什么样的人生

　　管理学大师德鲁克曾经讲过一个故事：曾经有一个人经过建筑工地，碰见了在那里工作的 3 个建筑工人，他开口问道："你们在做什么呢？"第一个建筑工人说道："我想有一份能够养活家人的工作，而这份工作满足了我的一切需求。"第二个建筑工人说道："我正在做这个世界上最让人钦佩的建筑工作。"而第三个建筑工人说道："我正在尽我所能建造一座能够成为这个城市地标的大厦。"

　　3 个人的答案不一，但在 3 个人的回答中，我们了解了每个人的目标。第一个人只是出于基本的生活需求，他看到的是手中正在做的这件事带来的短期收益。我们能够从第二个人的话语中感受到他对于这份工作充满了自豪之情，但却没有明确的目标。第三个人的描述十分明确，他现在的工作是为了建造大厦，他的目标清晰可见，具有可行性。在德鲁克的眼中，只有第三个人才是真正的管理者。他知道自己的目标，清楚自己行动的最终目的。

　　现在的你是否能够明确自己想要什么？想要真正清楚自己想要什么，是需要在生活中不断摸索的。目标不会在下一秒就出现在你的身边，你要在人生中不断总结经验和教训。在不断的尝试中，目标也会越来越明晰。有了人生目标，你的人生才会按照你规划的轨道前进。如果你现在还不知道自己想要的是什么，不用着急，把握你现在拥有的一切，慢慢地，你真正想要的东西自然会浮现。只要坚持一步一个脚印地往前走，必定能够走出属于你的道路。

　　哈佛大学曾经做过一个关于人生目标对人生影响的调查。调查表明，只有3%的人有明确的人生目标，并能够坚守自己最初的目标，最后成为社会各界的成功人士。有10%的人能够认清自己短期内的目标，并且不断地完成自己短期内的人生规划。他们不断刷新自己的目标，然后一一完成，最后他们也成了行业中的佼佼者。剩下的大多数人没有目标，只能够满足自己人生的基本需求，勤勤恳恳地工作和生活。更有一些人要依靠社会的救济艰难地维持生活。

　　你能够明确自己现在的定位吗？你想要成为哪一类人呢？难道你的人生真的就像这个调查中的绝大部分人一样庸碌吗？如果你想要改变，相信任何时候都不会太晚。不知道自己的长期目标，不如制定自己的短期目标，"念念不忘，必有回响"，这不就是著名的吸引力法则吗？明确自己的目标之后，接着分配自己的时间和精力，制订具体可行的计划，然后按部就班地坚持下去。

　　你想要过什么样的人生，在于你是否能够清楚地认识自己，了解自己的喜好。我有一个朋友，她总在不断地尝试着新鲜的事物。

每一次，她在生活中发现了什么新玩意儿，总会毫不犹豫买回来。

我们问她："为什么这么频繁地尝试新的事物，不怕这个东西不如预想吗？"

她给我们的回答是："只有这样，我才能更加清楚地知道我的喜好。"

在做职业规划的时候，她刚开始并不清楚自己想做什么。在寒暑假的实习中，她不断地尝试，毕业的时候，她拿到了自己喜欢的企业的劳动合同。

在迷茫的时候，沉浸在自己的焦虑之中并不是一件好事。拒绝原地踏步，人生便有了不一样的色彩。

制定目标并不是一件很难的事情，困难的是知道自己想要什么东西，想要成为什么样的人。或许有人说，我想要成为像娱乐圈的某个明星那样的人物，他是我的偶像。但是偶像之所以被称作偶像，是因为他们展示出来的只是想要让人看到的那一面。你的人生不会是一部飘浮粉红泡泡的偶像剧。制定人生目标需要脚踏实地。那么，应该如何制定目标？

首先，你的目标应该对标你想要从事的相关行业的领军人物。就像你想成为主持人，你可能第一个想起来的是何炅。你想要创业，那么你的目标可能就是马云。但这样做，绝不是让你成为某个人的复制品。事实上，世界上没有完完全全相同的两个人。你需要学习优秀人物的品质，找到你自己独一无二的优点。其次，你需要制订详细的计划，并且确保该计划的可行性。例如，你的短期目标是想要成为公司的主管，你就要提前了解公司的晋升制度，向你的前辈了解晋升需要的条件。当你了解了自己需要做出哪方面的努力，接下来就需要制订一个具体可行的计划。最后，你需要根据自己的计划，有所坚持，有所调整，脚踏实地地朝着目标前进。

　　以上只是一个关于人生目标的大致方向，在之后的章节中会做出具体的展示。明晰自己的目标，才能够在未来的人生有所成就。

第 二 章

制 订 计 划

1. 量力而行——计划具备可执行性

前几天，一个很久不见的学妹，约我出去见面。我们聊天过程中，谈到了她现在的工作状态。她问我："为什么那些在电视里光鲜靓丽的人都那么容易成功呢？"

她自己十分清楚所谓的"台上一分钟，台下十年功"，但现在的生活状态让她很难不抱怨。

她毕业没多久就进入某家知名企业工作。她把自己的工作规划得井井有条，原本以为在今年可以取得一个很好的结果，但事情不尽如人意，她期望的工作职位给了跟她同时进公司的同事。

她的上级领导跟她解释了这次职位变动。但在她看来，原因只是她没有做好。她说那个同事是她职位晋升过程中最大的对手。

同事毕业于某一线城市的某所 985 名校，刚开始的时候，学妹就看清了她们之间的差距，所以在工作的过程中，她承受的压力很大。她给自己制定了明确的目标，她所做的一切也都是为了能够离那个目标更近一步，但所谓的"同辈压力"，让她喘不过气来。

她以为她可以用短短一年的时间去追赶对方几年的履历。急功近利的表现，不仅没有让她取得心仪的职位，反而把她的生活搞得一团糟。事情发生之后，她没能够对自己进行正确的评估，重新调整自己的状态。一个切实可行的计划对于你的人生来说如虎添翼，让你的生活和工作时间更加可控。掌握了时间，便有了资本。但在制订计划的过程中，如何才能使计划具备执行性？

第一，正确的自我评估。能够正确地认识自己，知道自己想要的是什么，清楚地知道自己达到目标需要付出多少努力。

正视自己，意味着你能够清楚地知道自己现在所处的位置，能够把自己与目标的距离具体量化，但大多数人并不能做到。对自己的错误认知，导致"一步错，步步错"。能够真诚地面对自己，是对自己生活和工作负责的表现。

对现在的生活状态还不太清楚的时候，你可以采用倒推法，也就是所谓的从结果推导过程。

在开始之前，准备一张纸和一支笔，把你的目标（这个目标可以是生活、工作任一方面的，也可以二者兼备）写在这张纸的中间位置，跟你现在的生活状态相比，你就可以十分清晰明白地看到自己与目标的差距，这也能够让你更加正视自己的状态。

运用箭头一步步地推导，箭头指向的是你的目标，这个目标便是你接下来的努力方向。在你看到差距之后，你需要把目标量化。假使你的目标是工作几年能够坐上某个职位，那么你就需要提前了解公司晋升的条件，以及你的业绩指标等，然后制订切实可行的计划。例如，我身边的一个同事，他本身不算是公司中的核心员工，但他对自己的生活有着明确的规划。他入职的时候，对自己的工作规划就是在两年内做他所在的分公司的主管。而事实证明，他的确做到了。

现在的他算是事业有成，他的经历也成了公司会议上经常被提到的经典事例。

在这个过程中，你需要注意的是自己在执行过程中的缺点。习惯性拖延、习惯性敷衍等这些会放缓前进脚步的坏习惯，是你在计划中需要特别注意的。

第二，不要一直盯着你的目标。"压力就是动力"这样的"鸡汤"文字，压倒了无数人的梦想。真正清楚自己想要什么，是不会一直把目标挂在嘴上的，而要通过行动去实现它。

我上大学时认识的一个好朋友，大一的时候，她英语不是很好。每次早饭过后，我总能看到她独自一人在教室背单词。她没有像其他人一样用嘴说，而是用成绩单上的成绩证明了自己。

真正的努力，不是要让所有人都知道你在努力，而是默默无闻地一直向前。

我经常听到同事说自己家的孩子不争气，高考成绩如何不理想。他的孩子我也见过，孩子曾无奈地问我："为什么学习那么累？"

我问他："你在学习的过程中感受到快乐了吗？"他木讷地点点头。

其实，我们也很清楚自己应该怎么做。有时候，我们需要给自己一些时间，让自己一步步地向前走。不要总盯着目标，要把目标融入日常。习惯成自然，在行动中也就有了方向。

第三，计划赶不上变化。看到这几个字的时候，是不是觉得笔者之前说过的话都是废话。其实不是这样。

"计划赶不上变化"，并不是说我们在工作中就不需要计划，而是说我们需要明确任何事情都存在变量。你需要给自己设置一个心理预期。当事情发生的时候，你的生活也不会因此而变得更糟。

"以不变应万变"，把握个人管理的节奏，才能更好地掌控自己的生活。当工作计划发生变化，我们需要做的就是根据实际情况做出调整。

量力而行，是为了以后能够走得更远。

2. 认清目标——长期目标和短期目标

我经常会看到公司里来来往往的应届生，他们的脸上透露着迷茫。作为他们的前辈，我与这些应届生也有很多的交集。

在我们的聊天之中，我了解到，这些应届生大多数都怀着对未来的期待，憧憬着未来，可他们的想法还不成熟，不知道自己现在做的事情是不是自己想要的。

其实，很多已经工作或者准备辞职的人也在思考同样的问题。一件事情做得太久了，人们就觉得无聊、没有新意。在工作中，人们没有认同感，觉得自己应该换个环境或者换个工作。新鲜的事物总会给我们一种改变一切的错觉。

可换了工作之后，自己还不喜欢呢？这样的现象会经常出现在我们身边。其实，最主要的是你对工作没有明确的规划。那么又该如何确定自己的目标呢？

中国有一句古话，叫"授人以鱼，不如授人以渔"。这句话的意思是说与其传授既有知识，不如教授人学习知识的方法。知识固然重要，但是学习知识的方法和思路却能让人在之后的人生中受益匪浅。

人生际遇不同，目标自然也就不同。世界上没有完全相同的两片叶子，同样地，也不会有完全相同的两种人生。接下来，我会根据长期目标和短期目标给大家一些个人工作上的建议，希望阅读过后，能够对你的工作规划有一些帮助。

长期目标和短期目标。从名字上我们就可以看出，长期目标重在一个"长"字，强调的是长远性，它需要跟你的人生目标结合，它应该在五年以上。

它承载的可能是你未来的生活和工作状态，可能是你想要的人生状态。既然已经知道了自己想要什么，那就一直坚持下去吧。

短期目标其实穿插在长期目标之中。它们和长期目标的关系就像是分母与分子，也就是整体和部分的关系。

把你的总目标分解成无数个小目标，而这些小目标也就是你在短期过程需要达到的成就，也正是有了这些小目标，才能让长期目标完美实现。

一口气并不能吃成一个胖子。同样地，长期目标的实现也需要不断积累蓄力。在实现长期目标和短期目标的过程中，还有一些需要注意的事项。

首先，长期目标需要具备挑战性，而短期目标需要可操作性。"温水煮青蛙"的案例想必大家耳熟能详，把青蛙放在慢慢加热的水中，青蛙并不会反抗，直到水温超过了承受值，青蛙才会想要跳出，但这时候青蛙已经不能逃脱了。

有时候，我们的生活和工作也是食之无味，弃之可惜。但又有多少人愿意开始行动去做出一些改变呢？这就要求我们在长期目标的制定过程中，需要让目标具备挑战性。安于现状是一种工作态度，拼搏同样也是一种品质。

短期目标则要具备可操作性。这就是说短期目标的制定应该在自己能力范围内，是经过一段时间的努力能够达到的。

我身边的一个同事在工作之余决定去学习一门小语种，因为她十分喜欢某个国家的电视剧。她给自己制定的目标是能够听、说这门外语。最后，在她的努力下，她终于不用依靠字幕看电视剧了。眼光放得长远一些，也就拥有了更多的可能。

其次，长期目标需要契合性，而短期目标需要提升性。长期目标可能跟你的人生息息相关，它的特征决定了它能够反映你人生的某些走向。短期目标重在能够短时间内掌握某个小技能，让你的生活质量有所提升。

奔着自己喜欢的事情去努力也会成功。俞敏洪在创办新东方前，就已经开设补习班。虽然他的高考英语成绩并不是很好，但他喜欢英语。

去做自己喜欢的事情，工作也就有了更多的期待。

在出版社的一个朋友，她从大学的时候就已经开始接触行业相关内容了，现在她已经是某知名出版社的编辑了。

为了实现进入出版社的长期目标，她坚持写小说、投稿，积累相关的行业经验，再加上成绩优秀，她自然而然地实现了大学时期的梦想，成了一名编辑。

最后，长期目标需要紧张感，短期目标需要设置时间。

从前，有 A 和 B 两个人，他们有着同一个梦想，那就是成为优秀的建筑师。A 清楚地知道成为一名优秀的建筑师，需要长期的付出和努力。于是，他为自己制定了一系列的目标，认真地对待每一次机会。他的作品赢得了许多奖项，他慢慢地在行业中名声大噪，成了优秀的建筑师。而 B 只是嘴里念叨着要成为一名优秀的建筑师，但是却没有任何行动，最后平庸地度过了一生。

长期目标的紧张感来自你清楚地知道自己要做什么。工作中不能够处处充满紧张感，但这并不是什么坏事，保持紧张感，是对目标的一种敬畏。

在工作中，只有清楚地知道自己的目标是什么，提前规划人生，才能掌握自己的人生。有的人说，我没有规划人生，还是生活得好好的。即使规划在你的生活中没有直接地表露出来，你在做事情的时候也会不自觉地进行任务排序，这就是一种潜在的规划。

制定目标，有所行动，你会如愿以偿。

3. 目标分层——做好目标细化

你是不是经常对身边一些朋友敬佩不已？在你的眼中，他们十分清楚自己想要什么，并且把生活和工作安排得井井有条。他们在旁人的眼中或许是"别人家的孩子"。

他们如何把自己的人生安排得充实且有效？他们是不是掌握

了个人管理的魔法？

　　记得上学的时候，我总觉得每天都有考不完的试，感觉生活仿佛被永远学不完的科目控制着，但无论怎样付出努力，我的一些科目的成绩还是没有任何长进。

　　在学习走进了死胡同之后，我向年级中闪闪发光的"学霸"请教。在我们眼中的他，总能轻松地应对任何考试，并且每次的成绩都是第一名。当我把自己的情况告诉他之后，才知道他也有偏科的现象存在。他的解决方法是有针对性地进行训练，每次给自己设定一个小目标，就这样，偏弱的那门功课果然有所提升。

　　事实就是如此。当你发现自己身上的不足时，不该任由负面的情绪左右你的行动，而要及时地去找到问题所在，能够提出具体的解决措施才是真正的应对之道。

　　在旁人眼中，能够轻松地应对生活的人，其实他们有着明确的目标，清楚地知道自己的努力方向。有时候，你抱怨："为什么我明明花费的时间比他还多，但最后升职的却是他？"其实你们的区别在于处理事情的方法。眼光长远的人看到的是事情的影响，眼光短浅的人看到的却只是眼前的利益。

　　怎样才能成为一个能够轻松应对工作的高效人士呢？又该怎样采取行动？这就要提到目标分层。能够分解不同阶段的目标，才能轻松处理事情。

　　如何做好目标细化？其实最重要的方法就是分解。把目标按步骤分开，就能够真正地清楚自己想要的究竟是什么。那么，要如何分解目标呢？

　　首先，需要列举自己想要做的事情的目标清单。在现代人的生活中，最离不开的也许就是电子产品了。这时候，关于目标清单的记录可以借助一个名叫"倒数日"的APP（应用程序），这个APP能够设置目标完成时间，然后设置每天提醒。

　　这是一个提醒时间的工具，能够帮助大家达到目标。它让你十分清楚地了解自己的目标期限，看着时间不分昼夜地往前走，在压迫感和紧张感产生的同时，也会形成一种激励机制。

　　日本软件银行集团的董事长，同时也是国际知名的投资人孙正义在考量自己的创业项目的时候，花费了将近一年的时间思考什么最适合自己。通过社会调查，他严格地审视自己，思考如"该工作是否能使自己持续不厌倦地全身心投入，50年不变"等类似的问题。

　　由此可见，孙正义确定自己的工作目标的时候，采取了十分谨慎的态度，明确地知道自己想做的是什么。深入调查，审视自己是否具备从事该职业的品质。而我们在工作中，可能并不会花费太多的时间思考。当你决定从事某项职业的时候，需要深入地进行了解。在工作中，才能更加清楚自己的目标。

其次，就是能够有条不紊地执行自己的目标。我们在之前谈到过，要想完成最终目标，最重要的就是能够做到目标分解，只有明晰自己每一步方向的人，才有可能在该行业取得巨大的成功。

孙正义在 19 岁的时候，曾经给自己定下了一个人生目标："20岁的时候打出旗号，在领域内宣告我的存在；30 岁时，储备至少1000 亿日元资金；40 岁时决一胜负；50 岁时，实现营业规模 1 兆亿日元。"

可能在当时看来，孙正义的这个目标有些站不住脚，但他却用实力向所有不相信的人证明了他的存在。他现在的成就正是按照当时设定的目标一步一步得来的。

有梦想又有野心的人并不可怕，可怕的是这个人有着同他的梦想和野心相媲美的行动力。

孙正义正是凭借他的行动向世人证明了当时的豪言壮语并不是夸下海口，而是他真正的职业目标。

从孙正义的例子中，我们可以看出目标分解的重要性。清楚自己每个阶段的目标，然后通过自己坚持不懈的行动展示自己的成果。如果你现在十分清楚自己的目标，不如现在就开始分解它，你可以按照年目标、季目标、月目标的形式列举自己为达到最终的目标需要做的事情，这也能够让你更加明确自己前进的方向。

最后，在我们进行目标分解的过程中，需要考虑一下时间成本。

时间成本要求我们考量耗费时间与收获是否成正比，能否在工作中取得最大的成效。

"时间不等人"，设置完成时间无论是对长期目标还是短期目标同样有效。

实验证明，当人们有目标的时候，人的行为就会不自觉地加快，从而慢慢拉近跟自己设定的目标之间的距离。这也是很多的管理大师为什么热衷于在企业管理中设立目标的原因。

在现实生活中，这样的现象随处可见。"早知道就应该坚持下去"，大多数人在目标执行的过程中，习惯性地半途而废，看着自己的人生道路不断地偏离原先设定的路线。

其实，这也是大目标中间的小目标不明确导致的。成功人士和平庸之辈的差别或许就在于，成功人士更知道自己每一步该如何走，通往成功的每一步都被其测量得很清楚。

4. 学会调整——让你的生活变得更加可控

一个朋友最近跟我抱怨说："为什么每一天的生活都不按照我的计划前进啊？"

　　她习惯规划好自己每一天的生活，她的生活从来不会出现意外。跟她相处那么久的时间，我十分惊叹她的生活方式。最近，她之所以会有这样的感慨，是因为她的生活因一次跳槽失去了控制。

　　到了一个全新的环境，她需要去适应。因为工作上的调整而引起的一些生活上的改变，让她的生活充满了恐惧的色彩。这样的生活持续了几天，她终于忍不住向我倒起了苦水。

　　其实，这样的现象很频繁地出现在我们的生活中。出现了太多的变数，导致生活失去了控制；明明前一天把所有的事情都安排妥当了，但在当天执行的过程中，仍然出现了各种各样的问题。

　　我们该如何去应对这样的情况呢？难道我们的人生就要在这样的变数中不断地偏离计划，最后走向一个我们无法挽回的局面？

　　事实上，变数的出现是每一个人都会面临的事情，但是成功人士能够非常愉快地跟变数相处。

　　他们有 3 个秘诀：一是平和心态；二是设置空白格；三是挤压时间。

　　首先，拥有一个平和的心态。大多数人在面对计划之外的变数的时候，总会过分慌张和焦急。他们觉得自己当天设定的任务量没有完成，那么整个大目标可能就完不成了。但其实大多数人忽略了一个问题，当你第一天没完成时感到焦虑，第二天没完成时更加焦虑，最后可能就会放弃了目标。

在高效率的人士眼中，他们会尽快地调整自己的工作计划。

好习惯是在默默无声的坚持中养成的。当你放弃了那个底线，其实一定程度上，也在暗示你的目标正在一步步地远离你。

当目标没完成的恐慌开始占据你的生活时，不能任由这种恐慌感蔓延下去，否则它就会一点点地瓦解你的人生。

当生活中出现了太多的不可控现象的时候，不如平和地去面对你的生活，能够及时地做出调整才是高效人生。

曾经，在我的生活中也充满了意想不到的事件，这些意想不到的事情打乱了我的工作节奏，我并不能在规定的时间内完成自己原本的计划。在那段时间，我不断地学习如何跟意外打交道，意外带来的也许是不经意之间的一些美好。

学会掌控这些意外，也就自然而然地知道如何去更好地规划自己的人生。有时候，我依旧会手忙脚乱，但却已经学会享受意外带来的惊喜。

其次，为自己的计划设置空白格。我曾经看过这样一个故事。故事中的主人公习惯于为明天做计划，他在前一天的晚上就已经设想好了第二天的工作内容。

他每天的工作计划都十分具体，从早上几点起床一直到晚上上床睡觉，他的工作和生活行程按部就班，但这样的生活并没有持续太久。慢慢地，他发现在他的生活中一些东西在消失，因为执行计划而没有答应同事一起吃午饭，以后同事再也没约过他。

其实，在制订计划的过程中，更应该注重弹性机制；繁忙的工作中，为自己设置空白格。标准化的计划在带来高效的同时，也带来了一些弊端，比如不能够轻松地应对意外。

网络上曾经有一句很流行的话："明天和意外，你永远不知道哪个先来。"

这并不是说我们的工作不需要计划，不是说既然未来充满了不可预知的事情就没有必要做计划了。

计划代表着自己对即将到来的某一天的期待，能够提早清楚自己需要做的事情。在工作计划中应该设置空白格，这是应对意外的一种方式。

当工作行程过于饱满，超过负荷，就应该学会解压，尽量给自己平凡的工作状态带来不一样的感受。

最后，学会压缩时间。前面我们讲到了为自己的计划设置空白格，是为了不让自己的生活看起来充满紧张和焦虑。学会压缩时间则是为了完成工作中那些必须要完成的事情。

我曾经在一家教育机构实习，我心想我的工作内容可能会很少，但当真正开始工作的时候，我才发现自己想得太简单了。除去公司培训以及各种各样的会议，用来提升自己的时间很少。

我发现自己的生活除去每日的工作，大部分时间都浪费在了路上。

我当时的住处与公司有一段距离，当每天拖着疲惫的身体回到家中之后，最大的愿望便是放空自己。那段时间，我学到了许多教学技巧，但其他方面并没有提升。

难道真的没有时间用来学习吗？其实并不是。饭后跟同事聊天的时候，回家的路途中，这些时间都可以用来学习，但这些时间都被我以"太累，需要休息"为理由搁置了。

在这里讲到的压缩时间，其实就是充分利用自己有效的时间把每天必做的事情完成。自我敷衍带来的只是个人损失。

因为工作上能力不足，我转正后的职位晋升机会被同期的实习生夺走了。

在有效的时间内如何才能完成任务？做好计划的同时能够及时地进行调整，学会应对意外；对于需要坚持的事情，学会压缩时间，才是正确的处理方式。

再次强调一下，有效的工作计划会让你的生活变得可控。

许多公司的主管人员，他们常带着做好计划的笔记本。对他们来说，计划虽然会改变，但应该坚持的却一件都没落下。我们只有掌控了自己的计划，才能真正地掌控生活。

5. 合理排序——事有轻重缓急

很多企业在例会上都会明确地标出该月或者该季度的工作任务重点，明确企业的业绩目标，企业采取这样的方法，其实就是为了明确企业重点目标，让项目有计划地实施。

举例来说：如果某个企业想要通过某个项目达到某种目的，那么该项目就一定是该企业一段时间内的重点工作，包括前期的宣传造势、中期的执行落实、后期的收尾总结等。

对任何一家企业来说，只有采用这种操作才能够更加有效地掌控项目节奏。对个人来说，我们在工作中能够明确阶段内的重点任务和一般任务，就能够更加有效地提升工作效率。

常言道："两弊相衡取其轻，两利相权取其重。"在工作中学会有所取舍，明确自己每个阶段的重点任务，向着自己设定的总体目标靠近。

在工作的过程中，企业一般都会制订重点项目规划。在具体实施时，这就要涉及个人管理。如何去实现最优解？与在时间与计划之间不断协调相比，通过自身提升效率似乎是更好的一种协调方式。

时间管理是个人管理中的重要一环，是在有限的时间范围内寻求最有效的事件处理方式，也就是在执行的过程中推动事件朝着既定目标发展的一个过程性的管理方式。

如何做好时间管理？很多职场人士也在不断调整学习。当你清楚地知道自己的职业目标是什么时，你的第一想法应该是以最快的速度缩小与既定目标之间的差距。

当生活中出现了众多需要去突破的事情时，如何权衡事情的先后顺序就变得更加重要。

下面将会为大家介绍 3 种时间管理的方法：一是 6 点优先工作制；二是帕累托原则；三是麦肯锡 30 秒电梯理论。

第一，6 点优先工作制。这个方法是效率大师艾维·李向一家即将破产的钢铁公司提出的。在听完钢铁公司的问题之后，艾维·李让钢铁公司总裁写下自己第二天需要做的事情。

当总裁写完自己第二天的行程之后，艾维·李又让总裁从中选取 6 件最重要的事情，按照重要程度依次列举出来，并且在之后的工作中也这样列举重要的事情。

果然，一年后，这家当时濒临破产的公司慢慢地有了好转。总裁向艾维·李支付了 2.5 万美元的支票，这家公司在 5 年之后成为该行业的领军者。

我们在工作的时候也可以借助这种形式，把自己每天的任务进行列举，随后再按照重要程度进行排序，这样即使当天工作特别繁忙，最重要的事情依旧清晰可见。这样能够让你在琐碎的待办事件中清楚自己最需要行动的事情。

第二，帕累托原则。这一原则是由法国经济学家帕累托提出的。在他看来，在任何一个领域，大约80%的结果是由其中约20%的变量所产生的。

这一概念原本出现在经济领域，后来被人们引用到社会生活之中。在社会生活中，它的意义就变成了不要在生活中的琐碎事情上花费太多的时间，而应该把时间运用在重要的20%的事情上，计划上的一小步却是实际生活中的一大步。

十分精确地把自己的精力用在重要的事情上，成功者20%的努力，就能够收获80%的成果。

根据这一原则，根据事情的轻重缓急，工作任务可以被划分为4个象限：重要且紧急、紧急但不重要、重要但不紧急、不重要且不紧急。

在我们的工作生活中，最应该抓住的就是那些重要但不紧急的事情。因为不紧急，所以没有所谓的迫切感，能够稳扎稳打把过程做好做优。

第三，麦肯锡30秒电梯理论。这个理论出自麦肯锡公司的一次电梯事件。

麦肯锡公司负责为一家企业做咨询，在电梯中遇到了这家企业的董事长，董事长出乎意料地向麦肯锡公司的负责人询问了一些问题。

该负责人当时准备得并不充分，再加上外界各种因素的影响，麦肯锡公司的负责人不能在短短的 30 秒内做出详细的答复。因为这次电梯事件，麦肯锡公司的这次合作没有成功。

经过这次的教训之后，麦肯锡公司要求员工在陈述的时候抓重点，直奔主题，能够言简意赅地做出陈述。

工作的时候，最注重的其实就是员工的效率，而能够有重点地直接阐述事件，这其实也是高效率的一种表现。

结果要放在陈述词最前面。在成人的游戏中，最重视的事情其实就是结果，结果远比过程更重要，这才是企业的生存法则。

上面谈到的 3 种方法，其实在我们的职场中都能够适用。

如果你想要成为某个行业的杰出人物，做好个人管理，是你成为管理人员的第一步。只有能够安排好自己的生活和工作的人，才可能更好地去管理某个部门。

规划好自己的工作，才能正确地安排一个项目的节奏。所以，在职场生涯中首先要学会个人管理。刚开始的时候或许会像我们之前谈到的那样，太多事打乱了工作节奏，但是学会调整，合理排序，总会有适合自己的管理方式。

6. 目标量化——定时回顾总结

"目标量化"，重点就在于能够量化。把目标数字化地表现出来，能够知晓目标计划完成程度，更有助于我们提高执行力。

我们时时刻刻都可以对自己的生活进行规划，但是怎么样的规划才是最有用的，能够最高效执行呢？

一个同事提到目标的时候，她说自己做了无数的计划，下定了无数次的决心，但每一个目标好像都没有完整地完成。

她的计划很简单，在本子上写下自己想做的事情，但根本没有细分，目标并没有明确具体地表现出来，这样的目标摧毁起来不费一丝力气。

做好目标量化，能够更加清楚地帮助我们明确每一个步骤，清楚地知道自己的每个阶段所应该达到的目标。

我身边的一个朋友小宋，她的生活就一团糟。

她跟我说："现在虽然想要改变自己的作息习惯，但发现自己已经习惯了之前的生活节奏，玩手机到凌晨两三点睡觉，早上9点起床准备上班。刚开始的时候，生活被这样简单的快乐麻痹着，但这样的生活持续了一段时间，我发现自己上班的时候效率极其低下，总是发困，这样的生活作息习惯严重拖垮了我的生活。我曾经下决心改变，但并没有执行下去。"

听到她这样说，我就向她说明了她的问题。

她虽然决定调整作息时间，但时间意识并不强，所以调整的效果看起来并不明显。

我向她推荐了"SMART 原则"，在它的帮助下，她的作息习惯已经有了明显的改善。

"SMART 原则"是彼得·德鲁克在《管理的实践》中所提出的目标管理理论：S 是 Specific，也就是明确性；M 是 Measurable，也就是衡量性；A 是 Achievable，也就是可完成性；R 是 Relevant，也就是相关性；T 是 Time-related，也就是时限性。

"SMART 原则"让我们能够更加清楚地做到目标量化，提升个人管理能力，不断推动自身的进步。

根据"SMART 原则"，小宋该如何进行目标量化，最后实现自己的目标呢？

第一，明确性。小宋既然已经决定改变之前的生活习惯，那么就需要明确自己的目标。

她的目标是早睡早起。如果她在某天晚上想把某部电视剧看完才睡，就与早睡的目标矛盾了。所以，在这个时间段内，她不能为了一时的享乐而放弃执行计划。

第二，衡量性。对于小宋来说，要把目标具体量化、做出改变，这个出发点是正确的，但如果没有明确的时间规定，可能就会产生问题。把时间具体量化，能够更好地起到监督作用。

因为工作的原因，需要保证早睡早起，这样第二天才能有良好的工作状态。那么，几点睡觉？几点起床？

结合自己的生活实际情况，她决定在晚上 11 点睡觉，早上 6 点起床，7 个小时的睡眠时间对她来说足够了。

如果上午工作太累，她会选择在中午的时候小睡一会儿。其实，她可以用微信小程序打卡，这样能够有效地监测每天的起床、睡觉时间。

第三，可完成性。如果你对计算机领域不清楚，从没有涉及相关工作，却想着在短短几个月的时间内开发出程序软件，可能性并不大。

可完成性要求根据你的实际情况去决定你的目标。正确地认识自己，从实际出发，为自己设定目标，能够有效地防止恶性事件发生。

我有一个朋友刚辞职，新工作还没有找到。他过度消费，所以在还款的时候不得不向身边的朋友借钱。

做事情要根据自己的实际情况出发，学会正确地认识自己，如果一件事情的可行性不大，及时放弃也是一种选择。

对于小宋来说，改变作息习惯是一件并不难的事情，做好日常计划，就能够轻松完成。

第四，相关性。既然小宋的目标是养成好的作息习惯，那么，她就必须杜绝晚睡。为了达到这一目标，她可以寻找一些能够帮助自己迅速进入睡眠状态的方法。

比如，不要把手机放在床边，睡觉前最好不要有情绪上的大幅度波动，这样更容易入眠。

第五，时限性。为自己设定目标完成时间。

我们常常提到养成一个好的习惯需要 21 天，所以，小宋的作息调整计划时间就是 21 天。在这 21 天的时间里严格按照计划进行作息时间的调整，21 天之后，她已经从刚开始需要设置几个闹钟叫醒到现在能做到自然醒了，她的作息时间已经被有效地调整过来了。

如果你在生活或者工作中遇到了这样的问题，目标的完成度不够，都可以使用"SMART 原则"去量化目标，进行具体化执行。

能够做好目标量化的人，个人管理能力一定不会弱，未来的人生一定会光芒万丈。

7. 制定标准——什么才算是标准

看到这个标题的时候，可能大多数人会感觉到迷惑，为什么会涉及制定标准这个话题呢?

其实，原因很简单。大多数人在制订计划的时候，通常只是本本分分设置自己的目标任务，却往往容易忽略完成的标准。

我们往往清楚自己应该做的事情，但很多时候我们做事情虎头蛇尾，并不清楚自己的目标到底完成得如何。所以，在我们提升执行力的同时，能够为自己的目标制定标准也是一件极其重要的事情，只有制定好完成的标准，才能衡量最终的完成程度。

小时候，我在学习汉字书写的时候，会在田字格里一笔一画地描红，这才知道了汉字的笔画。

描红的字帖告诉了我们每个字的书写笔画，我们的字才能横平竖直。同理可知，我们虽然知道如何去制定我们的目标，对目标进行分类和分解，但在我们执行的过程中，往往会忘记制定标准。

没有标准的目标，很容易让我们自我纵容、自我敷衍。所以，我们在确立目标的时候，无论在工作上或是生活中，能给自己的目标制定明确的标准，就一定能够在自己的职业上和生活中掌握主动权。

我有一个相识多年的同事，可以叫他小李。

我们刚认识的时候，他并没有那么起眼，他的话不多，甚至还有些害羞。

　　但就是这样一个在我的印象中安安静静的人，他的行动却让我震惊了。

　　公司那阵子有一个国外的项目，需要跟国外相关的项目负责人进行谈判。

　　虽然会配备翻译，但公司对派出的相关人员也有一定要求。小李不知道是从哪儿提前得知了这件事，当时他的英语水平并不好，但在那段时间，我们经常会看到他在社交网络上进行英语口语打卡。

　　我们当时还很纳闷，他怎么忽然学起了英语，毕竟工作上使用英语的地方并不多。后来，公司下达通知，挑选项目相关人员，那次的随行人员中自然而然地出现了他的名字。

　　这件事情过去之后，某次下午茶时间，我们谈到了这件事情，我表示对他当时的行为感到很吃惊，他听到我的话也只是微微一笑。

　　他在一次偶然的机会中得知这个项目，就决定抓住这次机会。好像知道我接下来要问什么，他接着说道："其实我能坚持下去，是因为针对已经确立的目标，我制定了明确的完成标准。"

　　他练习英语的 APP 是市面上流行的英语学习 APP，而他给自己定的标准是每个句子的发音要在 90 分以上。

　　很多人会在制定目标时花费好几个小时的时间，但制定目标之后，执行起来却敷衍了事。没有一个明确的目标完成标准，就容易造成目标的完成度不足。只有明确自己的目标标准，才能实现目标价值的最大化。

对于企业来说，开辟前路并不会一直顺利，在每一个企业成长的过程中都充满了坎坷和不易。

"中国品牌年度大奖"是根据消费者的需要而进行企业评比的行业奖项。面对喜好不断变化的消费者，能够在众多行业之中脱颖而出，海尔可谓是精工制作。

近些年来，互联网科技不断出现在各个领域。对于传统企业来说，紧跟潮流也是一件需要不断磨合的事情，而海尔却走在了用户服务的前端。

海尔公司面对市场提出了"以用户为中心的大规模定制模式"，依托互联网技术，让用户可以直接与企业对话，搭建一座用户和工厂的生产桥梁，为用户提供个性化的体验，满足用户多方面的需求。

正是海尔这一人性化的服务，让海尔引领行业，海尔集团制定的空调用户体验标准，更是成为家电行业的重要标准。

2018年10月底，中国质量协会授予海尔空调"全国质量标杆"称号。

毫厘之差，可能对于企业来说就是一场灾难。这个道理，海尔是清楚的。海尔认真地审核每一个步骤，用自己的标准审核每一件出厂商品，为用户提供更优质的产品和服务。

为目标制定标准，并不是为其戴上枷锁，而是提出更精准的要求，以便更好地实现既定目标，以更好的自己去迎接未来职业生涯中出现的任何一个机会。

通过了解标准背后的意义，以更加明确清晰的标准要求自己，在实现目标的过程中，高标准高要求，向着既定目标不断前进。我相信，无论是在工作中，还是在生活中，一定会有让你满意的收获。

8. 欲望清单——设置奖励机制

提及"欲望"，可能你的第一想法就是欲望不能放纵，必须加以警惕，不能让欲望腐蚀生活。

凡事都有两面性，欲望的无节制自然会带来生活中的重压，但适度地满足欲望有时却是生活最好的调剂。

拿我自己打比方，之前有一场对我个人来说很重要的考试。在学习了一段时间之后，我想着要把相关的证书拿到手。

因为害怕自己的负面情绪作祟，我决定在考试通过之后，奖励自己一次旅行。

因为有奖励存在，再加上求胜心也在蠢蠢欲动，最后我毫不意外地取得了一个满意的结果，然后就开始了自己的长途旅行。

我们看待一件事的时候，角度很重要，立场不同，解读也就相差甚远。欲望如果能够被正确地驾驭，那么它的激励作用，可能会带给你意想不到的惊喜。

假如一个人的生活像是一根紧绷的弦，时时刻刻都在高压的工作环境中，并且这样的状态持续一段时间，他的工作质量和生活品质都会受到不同程度的影响。所以，在我们实现目标的过程中，可以给自己一些奖励。

这些奖励可大可小，在淘宝网上有一个选项叫作"心愿清单"，你可以把你想要购买的东西放到里面。你也可以制作一个欲望清单，把自己想要完成或得到的事物列举出来。当你的某个目标实现的时候，即使是一个小小的奖励，可能也会让疲惫的自己更有冲劲。某项实验表明，有效的奖励方案会让人更加兴奋，从而使人更有斗志，不断向前。

在企业中，员工的奖励机制，其实也算是一种欲望满足的体验。员工可谓是企业的血液，而良好的激励政策是提升企业综合竞争力的工具之一。

几乎所有的企业都有不同程度的奖励政策，而作为现在炙手可热的企业——华为，正一步步稳扎稳打地走向世界，成为行业中一股不可小觑的力量。

华为的创始人任正非在最初创立华为的时候就曾经说过："华为有一天会变成世界一流的企业，华为将为此坚持不懈。"

而最终事实也证明了这一点，华为正在被越来越多的人认可，它的发展潜力无穷。华为之所以有这样的成就，与背后的每一个华为人息息相关。

华为将优秀的人才高薪留用，并且给员工的福利更是细致到衣食住行，把每一个员工都看作是华为的一分子。

有一种企业激励方式就是让员工持股，企业和员工之间的关系不再是传统的雇佣关系，而是一种全新的形式，让每一个员工为自己的财富保驾护航。

员工持股的方式对于华为人来说起到了一种长期的积极作用。对于企业来说，通过奖励制度能更好地留住人才，同样，在我们的职场目标或者是生活目标上，欲望清单的存在是十分必要的，它能够促进个人更加出色地完成任务。

但在设置奖励机制的过程中，还是存在着一些需要我们主动避开的选项。有的人会肆意地放纵自己的欲望，觉得只要完成一个既定的目标，就可以随意地做什么，脑海中瞬间浮现出无数的想法。

　　但事实上并不能这样，奖励机制的出现，只是你实现目标过程中的休息站，它可以在你长途跋涉之后，给你可能已经疲惫的身心一些鼓励，让你能够更加不畏困难，大步向前。但它并不是你的终点站，你的奖励可以是一顿大餐，可以是一直想要购买的某个物品，但奖励的价值最好不要大于目标的价值，不然一切行为也就没有意义了。这里想要强调的只有两点。

　　一是及时激励。很多人往往会忽视"及时"的力量。一件事情现在就应该着手进行，但如果这时行动受到阻碍，然后就一拖再拖，最后可能什么事情也没有做好。

　　当我们向着目标一步一步地往前走的时候，如果出现了一些意想不到的事情，大多数人的选择是冷处理，放置一段时间再去处理。但这并不是一种很好的习惯。

　　我某次去好朋友家中做客的时候了解到，她哥哥的小孩写作业的时候总是慢慢吞吞。每次为了让这个小朋友能够集中注意力，尽快完成作业，家长就给他某种奖励。我来的那天，家长可能不经意间忽略了这件事情，在吃饭的时候他就有些不开心。

　　我们跟他聊过之后，才知道他一直在纠结于自己已经按约定完成了作业，但家长并没有兑现承诺。妈妈向他道歉并给了礼物之后，他才开始变得活泼起来。

　　对于小孩子来说，及时奖励是一种承诺。对成年人来说，及时奖励，是对这些时间里一直努力的自己说"你辛苦了"。所以，及时奖励是一种有效的方式。

二是奖惩适度。以你制定的标准去衡量一件事情完成的程度，如果达到或超过你的标准，那么你就可以选择实现自己的某个心愿。

是满足，并不是满足一切，一定要切合自己的实际情况。比如我完成了一个目标，我的计划是出国，但我现在的经济状况并不是很好，所以这时候就要量力而行，不要让生活背负太多的压力。

适度地选择奖励，是对自己负责的体现。

9. 按部就班——奖励不是放任

看到"按部就班"，很多人就自然而然地想起了"创新"。我们听到太多人说着"要做一个不一样的人，要活出自己的风采"，正如歌中唱的那样："我就是我，不一样的烟火。"但又有多少人在追逐着"不一样"，最后的结局却只是碌碌无为？

那些口口声声说着"要做不一样的人"的少年们，最终却落入了俗套。

　　什么才是创新、才算是活出了自我呢？

　　其实，大多数人都误解了"特立独行"的含义，真正活出自我的人，必定经过了一段时间按部就班的努力。他们清楚自己发力的方向，所以能够认定目标，最后闪闪发光。其实，那些看起来特立独行的人，在他们的背后都有一个词，那就是"执行"。按部就班并不意味着一成不变，而是稳中求变。

　　作家格拉德威尔在《异类》中说过："人们眼中的天才之所以卓越非凡，并非天资超人一等，而是付出了持续不断的努力。1万小时的锤炼是任何人从平凡变成世界级大师的必要条件。"

　　这也正是1万小时定律的来源。对于拥有梦想的我们来说，1万小时意味着我们每周工作5天，每天工作8个小时，而这样的生活要持续5年，你在自己所处的行业一定会有让人惊艳的成绩。

　　我曾经认识一位培训机构的老前辈，我们的相识是在一次实习工作中，我当时还在读大学。如今，每次我工作遇到瓶颈的时候，我都会想起她。

　　她的选择很简单，因为她喜欢做老师，那家机构的文化氛围深深吸引着她，所以她一毕业就进入了一家教育机构，并且一做就是7年。

　　在当时的我看来，7年是一个很恐怖的数字，那意味着整个青春都交给了一家公司。

但是，在我后来的工作中，我认识到原来一件事情只有不断地重复去做，才可能会有更好的结果；坚持自己喜欢的事是一件极其幸福的事情。

我们在上面讲到了应该设置奖励机制，同时也强调奖励要适度。

在执行的过程中，我们应该耐得住寂寞。有些事情需要按部就班地一直坚持下去，而不是让一次奖励耽误再次出发的勇气。

不让短暂的享乐耽误了前行的脚步，或许才是目标的意义。能够在诱惑之中坚守自我的人，前途一定无量。能在繁华过后，排除干扰因素，依旧保持最初的坚持，是每一个追梦人的坚守。

在一个目标完成之后，进行短暂的休息，还需要继续地大步向前。

如何做好按部就班？那就需要打破固有思维，以全新的眼光去认识这个成语。它不再是传统意义上的合乎规范，而是要求在该坚持的时候能够按部就班，需要改变的时候能够推陈出新。

那么，如何才能做到按部就班？

首先，坚持的时候需要按部就班。身边的一个朋友有次问我："你如何做到昨天坑闹放纵，但第二天的时候就能立刻进入工作状态？"

这让我想起之前很流行的"周一恐惧症"。因为两天的休息，就形成了周一的百般不适应。

在没有工作的时候，我会做做饭。对我来说，这样的休息十分惬意。而你之所以不能够快速地从之前的快乐中脱离出来，其实是你内心的一种抵触情绪在作祟。

在你的潜意识中，工作是一件很痛苦的事情，那么当你意识到你要去做的是一件不愉快的事情，那么你还能够快乐地期待它的到来吗？

其次，在需要改变的时候推陈出新。人们最容易被现状迷惑，而忘记了方向和目标。

我们在上面提到要按部就班进行日常性的工作，但按部就班并不是不要创新。当你发现你的工作效率降低的时候，或许就是你需要调整的时候。

有时候，我们需要走出自己的舒适圈，打破现有的生活方式，看看不一样的世界，可能就会有不一样的惊喜降临在你的生活之中。

工作需要调剂，一成不变，固守己见，就如同井底之蛙，但当你走出去之后，会发现人生中还有更多的美好等待着你，你的人生充满着无限可能。

职场上的成功人士无一例外都曾经历过按部就班的日常工作。他们勤勤恳恳地落实业绩，认识到自己的平庸，却不甘平庸，用行动向人们证明自己的实力。

　　按部就班也是一种工作能力，它并不意味着俯首称臣，敷衍了事，而是职场中人认真负责的处事态度，在这样的生活中，他们得以一步步走上行业的重要位置。

10. 思维习惯——行动后再思考

　　在一次购物的过程中，我发现了这样一个很有意思的现象——商场内的导购员在面对突如其来的棘手问题时，往往不知所措，尴尬低头。

　　其实，这样的现象在我们的生活中非常常见。

　　在事情发生的时候，我们找不到完美地处理这件事情的方法，于是选择缄口不言。但这样的做法，无论是对个人还是企业，都很不利。

　　对个人而言，这样的现象经常出现，会导致我们个人在处理事情的时候习惯性地逃避。对企业而言，这样的事情可能会影响企业的服务质量；不能及时地处理影响，可能导致某企业在某个行业里失信。

　　因为对于企业来说，一个人代表的不仅仅是一个人，而是这个人背后的人脉资源。只要做好一个人的口碑，口碑效应就会不断传递。所以，无论对个人还是企业而言，默默无言都不是上上之策。

其实，这也从侧面反映了现代人思考问题的一种思维方式。我们习惯性地先思考再行动，往往脑中想很多，但是却没有实质性的行动，所以大多数人都成为"思想上的巨人，行动上的矮子"。

思考，其实是当问题发生的时候，我们所做出的本能反应。我们一直都很强调思考的作用，却往往忽视了行动的重要性。在我们面对一个问题的时候，思考可能会让我们更加有底气去应对这件事情，却不能真正地帮助我们解决这个问题。

大多数人往往会忽视行动的力量。他们固执地以为只有计算好每一个步骤，行动的时候才能收获更好的结果。但现在，传统的思维方式可能不再适用。

就拿商场的例子来说，导购员不能够沉稳应对，那么想必她不是一个会主导自己人生的人。

在现实中哪有什么十全十美，哪怕只是一个有缺陷的处理办法，都可能带来不一样的结果。

之前公司的 HR（人事专员）曾跟我抱怨说："现在出来找工作的一些人，有时候你根本不知道他们是不是真的很渴望得到这份工作，对我提出的一些问题，他们沉默不语，让我觉得尴尬得要命。"

其实 HR 在招聘的时候，可能更多地是想在跟你交谈的过程中了解你，他们并没有要去为难任何人的意思。但很多应试人员回答不上问题的时候，干脆选择放弃，这样的态度才是 HR 觉得最可惜的。

HR 谈到他自己之前的一次招聘经历，本来有个女孩，他已经准备录用了，但在最后的面试中，他发现面试者在回答问题的时候并没有表达自己的观点，而是选择沉默。他转换方式再问了一次，对方还是没有回答。最后，这个女孩并没有被录用。

企业并没有要求你十全十美，甚至会给你试错的机会。你能否积极地面对，采取行动去处理问题，才是关键。

如何才能转变原有的思维模式？其实很简单，不断地练习重复。思维可以通过培养改变。

我看到过这样一个很有意思的对比，小孩子因为想法单一，所以一旦认定某个目标，便勇往直前，无所畏惧，所以人们才说"初生牛犊不怕虎"。

在大人的世界里，信息太多，想法也很多，却极少去付诸实践。

看到这里，你是不是觉得你生活中也存在着这样的现象。比如，你之前一直想要获得某种技能，但直到现在还没有实现，这个想法直到现在还在你的脑海中不时地浮现。

　　所以，为何不在你的某个想法冒出来的时候，考量可行性之后，就开始行动呢？

　　在行动的过程中，你能更加清楚地知道你想要的到底是什么，并且在这个过程中，你还可以根据事件的进程进行调整适应。

　　太多人容易被心中的想法束缚，在脑中已经有了无数的激烈竞争，但行动上却丝毫没有表现出来。

　　某一次，我跟公司一个刚来半年的小妹妹谈心事的时候，发现她其实想法很多，比如谈到公司项目的时候，她有着很多观点和看法，并且能够分析出一些我都没有注意到的事情。

　　我问她："为什么不在会议中把你的观点表达出来呢？"

　　她说因为害怕自己会说错，总觉得自己像是武侠剧中被封了哑穴的人一样，说不出话来。

　　其实，我之所以找她谈话，是因为她刚来公司的时候，就是我在带她，她在实习期间也是这样，总有很多的想法，却不敢表达。其实这也是受她的行为习惯的影响，她在工作和生活中，行动永远都跟不上想法。

　　现在这个问题更加严重了，所以在这次聊天中，我主要想要跟她强调的是：你很优秀，所以不用害怕，有了想法大胆地表达出来。先行动再思考是我们在任何时候都要遵循的原则。

　　抛开脑中一些无关紧要的思考，只要在心中默念"现在开始去做"。

展开行动，行动起来，把有限的时间和精力用在如何去做某件事情上，而不是一味地思考该如何开展行动。在想太多的时候，告诉自己："放手去做吧。"

11. 目标复盘——把经验转为能力

艾宾浩斯遗忘曲线揭示了大脑的遗忘规律。人们在接受知识的时候，其实就已经开始遗忘了；遗忘速度刚开始的时候很快，但是后面就有所减慢了。据此也就有了遗忘曲线。

对遗忘规律加以运用，可以更加有效地提升人们的记忆能力。

在我们制定目标并且坚持执行之后，最重要的便是复盘。

"复盘"原本是围棋用语，是指在下完棋之后，复原对弈过程，分析自己的优劣得失，以便在之后的对弈中能够避免错误。

复盘被引用到工作、生活之中，就是总结经验，为下一次的"起飞"奠定基础。

我回顾过去的那些年，发现自己总是隐藏自己的想法，给自己各种各样冠冕堂皇的说辞，这样的生活方式，让我的生活充满了压力。所以，我决定今年一定要更加坦诚地面对自己。

　　不妨通过复盘回顾，去发现一些自己身上需要改变的地方。

　　该如何做到正确且有效的复盘呢？

　　首先，你应该做心理建设，比如像我上面说的那样"坦诚地面对自己"。评价一件事情做得好或不好，不能敷衍地自我满足，而要从客观的角度分析事件，清楚地认识自己。这样的复盘才真正有意义。

　　准确地审视自己，是有效复盘最基本的方法。

　　你应该像最初制定目标的时候一样，准备一张纸和一支笔，安静地待在某个房间里，摒弃所有的杂念，一心一意地总结回顾既定目标，通过对比，总结经验教训，继承良好的学习习惯。

　　就拿一个即将踏入高三的学生的例子来说，他偏科十分严重，他对理科很感兴趣，他的数学成绩一直保持在学校前列，但语文却是他的短板。

　　高一时，刚经历过中考的洗礼，他并没有重视自己语文的缺陷。进入高二以后，老师上课的时候经常会提到高考的残酷，这时，他才真正地认识到语文的重要性。他想针对语文科目进行训练，就给我打来了电话。

　　我凭借之前在培训机构的经验，再加上身边一些做老师的朋友的帮助，开始有针对性地帮助他提升语文成绩。

　　那么，该如何提升语文成绩呢？

　　首先，需要一个明确的目标，这个目标就是提升语文成绩。之后，我们需要做的是回顾他之前的语文学习。深入了解和分析试卷之后，我发现他失分的重灾区在文言文上。

　　既然已经明确了关键所在，接下来就需要做有针对性的训练，比如多去阅读古典名著。

　　接下来的那段时间，他在兼顾其他科目的同时，也坚持不懈地进行语文科目的练习。

　　在他的努力之下，他的语文成绩在一点点地提升。之后，他还在继续使用我教给他的学习方式。

　　现在，语文已经不再是他的短板，他的文笔经常被语文老师称赞。

　　其实，方法总结起来就是以下 3 个方面：

　　第一，围绕目标。既然已经有了目标，接下来一定要围绕着目标展开行动。在跟之前的学习状况做对比的时候，也能非常明显地看到自己的不足。

　　第二，对比不足。在以往的测评中寻找自己经常失误的地方，进行针对性练习。既然能找到自己多次栽跟头的地方，就需要做调整。

　　第三，评析结果。在自己付出努力之后，评析是否已经实现了既定目标。无论这个结果如何，从中吸取经验和教训，让其变成自己成长道路上最坚实的后盾。

　　复盘，其实很简单，那就是坦诚面对自己。面对那个真实的自己，在实现目标的道路上，及时地回头看；面对诱惑的时候，依旧能够有自己的坚守，及时地止损。

　　如果你已经具备了目标复盘的能力，能够把走过的每一步都变成经验和能力，那么你的人生注定不平凡。

　　学会往后看，有时候会有不一样的风景。

第 三 章

时 间 管 理

1. 时间意识——你的时间为什么总是不够用

　　还在上大学的妹妹，有一次跟我聊天，向我抱怨她的大学生活。她总是觉得自己的生活过得十分忙乱，每一天都在赶时间，觉得自己的时间不够用。

　　面对她的抱怨，我觉得很好奇。因为对于大学生来说，他们并没有那么多的压力，平时需要处理的也就是和同学、老师之间的关系，不明白她为什么会有这样的想法。于是，我就把自己的疑问告诉了她。之后我才知道，她这样焦虑，是因为不知道自己的时间都用在了什么地方。其实，她最主要的问题就是时间意识淡薄。

　　时间意识淡薄，换句话说就是时间管理能力太差。每个人每天都只有 24 小时，为什么有的人却能够活出高效率的一天，但有些人却在混沌中度过？

　　能够在工作和生活中做好时间管理，增强时间意识是第一步。其实，道理我们都心知肚明，缺乏的就是行动。但在行动之前，我们还需要针对如何培养时间意识为大家提供一些技巧。只有意识到时间的重要性，才能够弄清楚自己该做什么。只有增强时间意识，掌握了时间的人，才能在职场中掌控未来。

　　如何增强时间意识呢？

第一，从自身发力，其实就是通过自己的方式改变现状。我的妹妹提到自己生活的时候，一直在强调自己的生活很忙碌，却不知道在忙些什么。她真的很忙吗？在我看来未必。

她没课的时候睡到自然醒，起床时已经上午 10 点左右了，之后的时间安排是看电视剧、看电影、完成老师布置的作业，晚上玩手机累了就睡了，那时候可能已经是凌晨 2 点左右了。

我们不能说这样的生活方式不对，但这样的生活会影响第二天的工作、学习效率。

熬夜就会导致第二天不在状态、无精打采。她的生活看起来"很忙"，但这种虚假的忙碌对于她个人来说没有丝毫意义。"虚假忙碌"已经给她的生活造成了很大的问题，她的生活变得庸庸碌碌，没有任何方向。

我自己习惯了早睡早起，这样的生活方式给我的工作带来了很大的便利。每天下班之后，我就会做家务，晚上 10 点半就上床休息。

我起床时间是清晨 6 点，我会在起床后学习英语。早睡早起给我带来的好处是一天的时间格外充足，我可以在闲暇之余做一些其他的事情，充分利用时间去放空和提升自我。所以，你需要培养一个好的生活习惯，才能拥有更多的时间去创造更好的机会，为自己的目标不断发力。

第二，借助外部工具，比如借助网络科技。现在网络上流行着各种各样的时间管理工具，比如时间轴。通过制订时间轴，把每一天的事件都认真地记录下来。

当我们回顾的时候，才能够更加清楚"时间都去哪儿了"。其实，这也是一种很好的记录方式。我的时间轴一般是从早上的6点到晚上的10点半，我会在睡觉前大致地标注出每一个时间段内的主要事项，写下自己今天的成长和感悟，提前做好明日的计划。

通过制订时间轴的方式能够让你更加直观地看到你的时间花费在什么地方，提高每个时间段内的工作效率。

许多大公司，都会让刚入职的员工写工作日志，工作日志的内容主要包含了今日已做、明日计划、感悟等环节。

这样的记录方式，更能够让员工清楚地知道自己每天都做了什么，不仅仅便于企业工作的验收，还能够让企业及时地关注到每一个员工的工作状态，也能够让员工更加清楚自己的工作职责。

借助外部工具只是一个辅助性的方式，最重要的还是需要自身发力，为自己制定原则和底线。任何外力的借助都只是为了让我们更好地进行个人管理。

第三，自我监督。增强时间意识并不是一下子就能够实现的，它需要一个变化的过程。在这个过程中，我们需要做的就是为欲望设限。摆脱之前的生活状态，并不是一件立刻就会见效的事情。

习惯成自然，你需要的不仅仅是时间，还有一次又一次的坚持。你可以为自我监督设置奖励机制，同时也可以借助互联网的一些打卡 APP 或者微信小程序，借力打力，提高生活质量。只有掌控了时间，才会掌控人生的无限可能。

树立正确的时间观念，能够合理安排时间的人，也必定会被时间回以厚报。

2. 高效率≠用时长——学会跟时间做朋友

我们常常说"时间如流水""光阴似箭"，人们在认识到时间的重要性的同时，也在不同程度地浪费着时间。人们自以为是地觉得自己的所作所为是珍惜时间的一种表现，却不知道自己的行为其实是一种自我欺骗。

这样的现象曾经也发生在我的身上。有段时间，我正在调整状态。我的大学生活，每天都敷衍了事，后来实在连自己都看不下去，终于，下定决心选择"泡"在图书馆里。

这样做给我带来了满足感，但这种满足感的背后却是莫名的慌张。尽管每天都在图书馆中待很长时间，我的学习效率却很低。

其实我们很容易产生两种错误的认识。

第一种是用时越长，作业量越多。这也是比较常见的一种认知。如果认真地观察身边的同事、朋友或者你自己，往往会发现一种现象，那就是"加班熬夜赶工作进度"。

但加班必要吗？其实，有时候并不是这样。在工作时间，我们可能在一些杂乱无章的事情上花费了太多的时间，导致我们把一些应该完成的工作推迟了，需要加班加点才能完成。

高效率的人生，是能够把工作和生活区分开，是能够在有限的时间里创造最大的价值。

第二种是用时越少，效率越高。这种行为大多数是因为不能正确地认识事情的困难程度，或者只能看到事情的表面，过度地夸大自己的主观能动性。大部分人自身并没有具备在短时间内处理好问题的能力。如果一味地觉得用时越短效率越高，往往只会适得其反、手忙脚乱。

能够摒弃偏见，并且在处理事情上有自己独特的看法，有自己的思想，会使工作更加高效。

高效对于职场人员来说，意味着你花费 20% 的时间能够去实现 80% 的价值。效率在工作之中扮演着极其重要的角色。假使上级把同一个任务分配给两个人去做，能够把事情做得又快又好的那个人，一定更能够得到老板的赞赏。所以，效率在工作中非常重要。

　　职员效率的提升能够让其在工作中升职加薪。既然效率在工作中如此重要，我们应该如何提高自身的效率呢？总结起来就是要集中注意力。具体可以从 3 个方面来说明。

　　首先，一次只做一件事情。某次跟朋友一起看电视剧，我发现主人公说话语速特别快，刚开始我还很纳闷，后来才知道原来朋友开了倍速播放模式。

　　当倍速播放这一功能开始进入主流视频网站的时候，我并没有觉得这种功能不好。因为它在一定程度上替大家节省了时间。但是，后来我发现有的人一边用倍速模式看视频，一边做着其他的事情，这时候，我才觉得有些不对劲。

　　这样一心多用的操作方式让我大吃一惊。当你习惯性地一心多用时，其实你的注意力很容易分散，不容易集中。这样的现象会导致个人时间管理意识淡薄，而个人时间管理意识淡薄的人，往往会在职场环境中略显艰辛。"一次只做一件事情"，既然决定开始行动，只有全力以赴，才能够在众人之中脱颖而出。

　　其次，学会选择。在这个网络信息发达的时代，能够坚守自己的原则，懂得拒绝的人不多。

　　面对手机的诱惑，我有时候会被各种各样的新闻标题吸引，之后就是无止境地刷手机的过程。

可能你的生活中也会出现类似的事情。互联网在带来便利的同时也携带着诱惑，所以学会选择是一项重要的技能。上面我说到自己在大学时期图书馆学习的案例，我之所以能够摆脱在图书馆里混日子的状态，是因为我把对我来说极具诱惑力的物品——手机，放到了书包里，只有看不到它的时候，我才能够更加专心高效地完成每日计划。当你拒绝一些东西的时候，其实并不是失去，而是意味着得到。

最后，独立思考。具备独立思考能力的人，一定是在工作中能够提出自己看法的人，而这样的人在企业中一般都能够受到老板的赏识。

就拿大家耳熟能详的阿里巴巴集团来举例，在阿里巴巴最初成立的时候，马云知道互联网一定能够在时代的潮流中不断发展，所以即使创办阿里巴巴集团对他来说是一件充满着未知和冒险的事情，他也坚持了下来，才有了如今的局面。

难道马云没想过自己有可能失败吗？他并不是没想过自己会失败，只是他在准确地分析市场之后，及时地抓住了机遇。

具备独立思考能力的人，在之后的职场生涯中一定能够更好地发挥自己的作用。

只有与时间同行，做好时间管理，才能活出高效人生。

3. 番茄工作法——效率专注的培养

"番茄工作法"，最初出现在人们的视线之内是在 1992 年，创始人为弗朗西斯科·西里洛。

它的出现，是为了解决有些人注意力不集中和效率低下等问题。弗朗西斯科刚刚进入大学的时候，虽然在学习上耗费了许多时间，但学习效率不是很高，也就是我们常说的付出和收获不成正比。

在这样的情况之下，弗朗西斯科发现自己效率低下的根本原因是自己专注力不够。"你能不能真正集中注意力学习 10 分钟？"弗朗西斯科这样问自己。

于是，弗朗西斯科借助厨房的一个定时器，为自己设置时间，因为那个计时器形状酷似番茄，番茄工作法便因此得名。

在设置的时间之内，他摒弃所有杂念，一心一意地专注于自己的工作。就这样，在他的不断摸索中，番茄工作法诞生了。

番茄工作法的步骤其实非常简单：一个番茄时间是 25 分钟，而每完成 4 个番茄时间，休息 15 分钟。

大部分人的注意力都只能短暂集中，并不能保持长久的专注。而番茄工作法把 100 分钟拆分为 4 段，在 25 分钟内保持专心致志对每个人来说都是一件很容易完成的事情。这一个个 25 分钟的坚持，便是专注力培养的过程。

　　举一个例子，你近期的目标是看完一本书，但因为总是在看书的过程中不自觉地拿出手机玩，导致那本书看了许久，依旧停留在开始的那一页。那么，如何能快速看完这本书？

　　首先，你需要尽快处理完分散你注意力的事情，只有把一切影响因素杜绝，才能更好地把控时间。接下来就需要借助番茄工作法，通过时钟、手机等工具，设置 25 分钟的阅读时间，在 25 分钟不断循环的过程中，培养阅读专注力，事件的完成度一定不会让你失望的。

　　番茄工作法的原理其实很简单，因为它的简单性，所以受到了很多人的喜爱。

　　25 分钟的专注力培养更容易让人产生满足感，而在满足感的背后是一种潜在的激励机制。就拿上面那个番茄工作法的发明者来说，他使用这个方法的初衷跟大多数人一样，是为了培养专注力，他不相信自己连短短的 25 分钟都不能坚持，于是在这样的挑战之下，提炼出了番茄工作法。

　　在很多人看来，简单可能等同于没有挑战性。其实并不是这样的，简单不意味着没有挑战性。1+1>2，简单的事情重复做带来的可能是积累起强大的后劲。每天早上起来之后，先通过一个番茄时间制订自己的工作计划，列出自己的任务清单，每完成一个任务就把这个任务删除，通过计划和番茄时钟的结合，我们在生活和工作中会更加高效专注。

思维方式是可以培养的，思考广度、深度不同，就会产生完全不同的想法和结论，在我们长期的生活和工作中，其实很容易形成思维定式，比如：当我们嘴里说出玫瑰的时候，脑海里出现的便是红玫瑰，难道世界上没有其他颜色的玫瑰了吗？

其实并不是，只是在你的生活中常见或者喜欢的是这个物品的某个颜色，所以当提到这个物品的时候，你的第一想法自然就是那个颜色。

这样的现象在我们的生活中随处可见。比如你去吃饭的时候，总是会选择你喜欢的口味；由习惯而产生的思维定式，带有很强的心理暗示，这也是番茄时钟的第二个原理。这种暗示会让你在不自觉中不断地重复着同一件事情。做多了，身体就会产生肌肉记忆，注意力就是在这样的情况下集中起来的。

借助任何外在的形式，其实都只是为了能够实现时间管理，时间有限，但是在有限的时间里做什么事情，是你的选择。

如果现在的你，不满足现状，不如立即开始改变，学会掌控自己的时间，在有限的时间中创造更大的价值。

4. 时间观念——学会统筹时间，才能高效行动

严格的时间观念是每一个成功人士都具备的能力。时间是一种客观存在，它不具备主观性，不能想慢就慢，想快就快，只有少数人具备抓住它的机会，只有少数人意识到了这件事情。有的人抱怨自己的时间不够用，有的人抱怨自己的任务完不成，但其实问题在于你如何去做。

如何合理掌控你的时间，是现代社会中必备的一项基本技能。

华罗庚写过一篇文章叫作《统筹方法》，用一个生活中常见的现象来启发大家。

他讲述的其实就是喝茶这件事情。喝茶的工序一共有：烧水、清洗茶壶和茶杯、泡茶、喝茶。但顺序不同，所花费的时间也就大大不同。

如果先烧水再清洗茶具，那么并不能节约时间；但如果在烧水的过程中完成清洗茶杯等其他准备事项，然后泡茶、喝茶，就能够在最短的时间内获得同样的结果。

华罗庚在最后说道："这里讲的主要是时间方面的事，但在具体生产实践中，还有其他方面的许多事。而我们利用这种方法来考虑问题，是不无裨益的。"

统筹时间，合理地安排自己每天的 24 小时，并且在这 24 小时之内创造出更大的价值。统筹时间，并不是单纯地做时间规划。

意识到把时间划分为时间片段固然重要，但这只是时间管理的一小步，而时间管理的深层意义，在于在有限的时间里，让自己的工作变得更加轻松。

时间管理在当今社会中，具有更深层次的意义——个人管理。时间是一种共有的东西，但同时也是一个很私人化的存在。在相同的时间内，每个人使用时间所做的内容都不一样。因此，如何对时间进行管理，提高工作效率，提升个人能力，是你在职场或者是生活中需要不断学习的。

每天起床之后，你可以列举今天要做的 3 件事：今天必须做的事情，今天应该做的事情，今天可以做的事情。

有着明确的目标，清楚地知道当天的任务，那么这一天便被赋予了意义。给每一天设置目标，然后就向着今日目标不断努力。

有的人可能会说，为什么我每天都完不成任务量呢？这时候你就需要去确认是不是你每天的任务量太多了，如果是这样的话，那就需要及时地调整。但你的答案如果相反的话，本应该完成的任务量，最后的结局是没完成，你就要考虑一下是你的时间不够用，还是你没有正确地运用时间。

能够合理地运用时间具有 3 个特征。

一是高效率。有时候，我们习惯性地按部就班地开始工作，却最容易忽视在工作中提升效率的小 Tips（提示）。

比如，我发现我们公司的员工在处理一些项目信息的时候，最喜欢使用表格、图示去呈现，这种方法对于任务管理十分有效，而且更加直观清楚。

二是合理运用时间。能够合理运用时间的人，往往都能够得心应手地处理工作和生活。

三是工作、生活条理清晰。这样的人懂得根据个人情况，不断地摸索属于自己的工作方式，提升工作效率，在他们给企业带来盈利的同时，等待着他们的是升职加薪。

那么，如何才能合理地运用时间、统筹时间，成为优秀的时间管理者呢？

首先，摒弃杂念。"在进入公司之后，快速地调整自我，然后进入工作状态。"这是领导经常挂在嘴边的话。

快速地进入状态，意味着你需要暗示自己工作已经开始。你需要打起十二分的精神去面对工作，不然可能会因为你的一个不经意间的失误，导致重大的事件发生。

虽然这样的事件发生的概率很小，但心理学上的墨菲定律却告诉我们："如果一件事情有变坏的可能性，那么它总会发生。"

所以在工作过程中安分守己、摒弃杂念，才能拥有高效人生。

其次，有所选择。中国有句古话："鱼和熊掌不可兼得。"有选择，就会有放弃。

前阵子有句流行语："小孩子才做选择。"成年人不需要选择，其实只是一种过分完美的愿望罢了。

大人的世界中充满了选择，不可能把所有东西都抓在手里。你愿意为你的目标放弃什么？有的人想要月薪上万，那么在跟别人同等的工作时间内，就要提高效率、保持旺盛的精力，并且能够有选择地为目标蓄力。

比如你想要在工作之外的时间里掌握一些技能，以提高自己的专业素养，那么这时候你可能需要牺牲一些个人玩乐的时间。

最后，条理清晰。之前提到的那个想要学习另外一门语言的同事，她知道了自己的语言缺陷后就在某语言学习平台购买了相关课程，开始了系统的学习。她制订了清晰明确的执行计划，根据网络课程设置每天的学习任务，还让身边的人进行监督。这样的方式让她在最短的时间内达到了目标。

高效工作，享受倍速人生。提高个人效率，不仅是为了工作，也是为了更好地把控人生。

5. 时间成本控制——把精力放在最有效的事情上

同事小小因为和我不在一个部门，所以在平常的工作中，没有太多的交流。但某次聚餐时，和她的一些对话却让我觉得印象深刻。

我比她早一点进入公司。她小心翼翼地问我，每天如何游刃有余地管理时间。在她看来，我在工作的时候，一直都能够一个人处理所有的问题。她很羡慕我这样的能力。

因为公司现在处于生产旺季，她的职位比较关键，直到下班，她也完不成自己的任务。工作上的这种烦恼让她不知道如何去处理这个问题，所以想让我支招儿。

所谓经验都是从失败中总结出来的。我之所以能够在工作中游刃有余，是因为发现很多人认为下班了也就等于完成了自己的任务量了。但其实很多时候，我们总是忽视时间成本的概念，也就是在你花了那么多时间之后，你的工作效率高吗？或者在这份工作中，你获得的是满足还是疲惫？所以，要把自己的精力放在最有效的事情上。

有人曾经统计过一个活到 72 岁的美国人的时间分配，他有 21 年的时间是在睡觉中度过的，工作的时间有 14 年。我们一生的工作时间大致也是这么多，但工作时间长短并不是最重要的，重要的是你所创造的时间价值。

曾经有人计算过一个人每小时所创造的收益。假使你的月工资是 1 万元，你每天工作 8 个小时，每周需要工作 5 天，我们按照每个月 4 周进行计算，你可以明确地得出每小时所创造的收益大约是 62 元。时间管理就像是一场投资，但一个具有时间成本意识的人，不会浪费自己的时间去做低回报的事情，他们会看清楚形势，以获得更大的回报。

6. 拒绝拖延——今日事，今日毕

某次，我等待职员入职，约定好上午 10 点见面，我想带他了解一些关于企业工作的事情，为此，我提前一天就把那段时间给空了出来。但等到 10 点的时候，人却没来。

我原本预留的时间是半个小时，等到 10 点半的时候，我就需要去处理其他的事情了。直到 10 点 10 分，他才到达公司，这件事情导致我一天全部的计划都要向后推。一个刚刚入职的实习生这样的举动真的让我很失望，我对他的第一印象就是这个人时间意识不强。

是时间不够或者是路上堵车吗？如果我们非要针对一件事情去寻找背后的原因，那可能会有无数个借口。

其实最主要的原因就是"拖延症"。真的是对方做不到吗？事实并不是这样的。就拿迟到的例子来说，如果对方能够提前出发，可能迟到并不会发生。守时，是相互尊重的表现。因为时间有限，每个人都有自己的工作安排。尤其是在团队合作中，高效率是彼此之间尊重、信任的结果。

迟到，其实如今是社会中很常见的一种现象，比如上班迟到、开会迟到等。迟到带来的压迫感和紧张感，会让人心里焦虑。

迟到，其实是拖延症的一种表现形式，因为早上出门的时候为了暂时的自我满足，总是想着"晚一点出门吧""时间还足够"。当你在路上花费的时间渐渐超出了预估的时间，你便开始紧张了，但这时候为时已晚。无论你是要赴什么样的约会，准时是很重要的礼仪。

拖延症，是一种心理学上的问题，每个人都有着不同程度的拖延症。拖延症之所以如此常见，最主要的原因是个人管理能力不强，不能够有效地把握时间。只有摆脱拖延症，才能享受高效人生。但是又该如何摆脱拖延症呢？

既然有问题产生，那么也一定会有相应的解决措施，主要包括 3 个方面：降低目标、行动领先、不断突破。

首先，降低目标。有的人之所以会拖延，其中一个原因就是目标太高，不容易实现。目标难实现就会带来挫败感，然后就容易产生拖延。这时候就需要借助我们之前讲到的分解目标，这样一步一步扎实地向前走，才更加容易到达远方。

好高骛远，眼高手低，更容易产生负面情绪，不如降低目标，让自己更加有信心向前。上学的时候，我因为物理成绩差，总是会被物理老师在课堂上点名批评。当时年纪太小，面对老师这样的做法，我老想着要尽快把物理成绩提上去，一雪前耻。但事情发展得并不顺利，由于对自己要求太高，所以每一次进步和既定目标相比都相去甚远。所以在后来文理分科的时候，我便选择了文科，直到现在看到物理都还会有些害怕。

我想要告诉大家，面对自己不擅长的事情，进步是一个循序渐进的过程。有时候想要一步登天，反而会适得其反，因为畏惧失败止步于此、逃避拖延。所以，正视自己的能力、降低目标，不是向懦弱低头，而是为了更好的未来。

其次，行动领先。脑子的思考速度是远远超过行动速度的，所以在遇到事情的时候，我们往往脑子里会产生很多的想法，但在实际的操作中，却像极了"纸上谈兵"。

拒绝拖延症的另外一个方法就是行动领先，在行动的过程中去思考调整。万事开头难，往往开始的那一步是最难迈出的。这里有一个很简单的方法，那就是在心中或者口头上喊出"3、2、1"，喊到"1"的时候就放下手中让你分心的事情，一心一意地去做更有意义的事情。其实当你喊出"3、2、1"的时候，就是在给自己一个明确的心理暗示：应该开始行动了。只要开始行动了，坚持下去就不是难题。

最后，不断突破。人生也就短短几十载，学会不断尝试，其实是更好地认识自己的一种方式。而不断突破，对于拖延症者来说，却是激发兴趣、点燃斗志的一剂猛药。

新鲜事物的出现总能引起我们的兴趣。不断突破，不断地挑战自己，不断地完成一个个目标，才能够更加有效地对抗拖延症。当我们因为某件事情而陷入拖延的死胡同之中时，或许我们可以选择往后退，可能会走出一条不一样的道路。

在克服拖延症的过程中，敢于坚守自己的原则，明确自己的底线，始终如一地坚持下去。上面提到的3点建议，只要坚持不懈地做下去，慢慢地，你就会发现自己的身上正在发生一些不一样的变化，你将能够更加平静地去面对生活，不再会忙乱。

7. 自控力——你的人生助手

在生物学中，我们把人称作高级动物。人为什么是高级动物？主要的原因之一是人具备一定程度的自控能力。

自控力体现在我们生活中的方方面面。对于我们来说，生活因为自控的存在而显得更加美好。也正是因为自控，规则由此诞生，有所约束才能够有更好的社会环境。有的人在生活中并不具备自控能力，不懂得给自己的欲望设限，而是一味地放纵，失去了约束，也就容易混乱。有的人抱怨自己的生活乱七八糟，但没有意识到这种现象产生的原因，可能是自身行为缺乏约束，自控能力不足，不能合理并且有效地管理自己的时间所致。

掌握了自控能力，就能够合理安排自己的生活，能够更加有效地管理时间，提高效率。

我的同事小王，最近在忙着减肥。常言道："三月不减肥，四月徒伤悲。"过年的时候无节制地放纵自己，春天到了的时候，她开始担心自己过年吃胖的那几斤肉了。为了减肥，她推掉了所有的饭局，我们中午去食堂吃饭的时候，她也只吃青菜。

她之前并不喜欢运动，但最近却开始频繁地去健身房锻炼，并把这件事情坚持了下来。在减肥期间，她从不跟我们一起喝奶茶吃零食，即使面对自己最喜欢的甜食，也能断然拒绝。她的自制能力让人十分钦佩。

"我想要"和"我不要"，应该是我们常常挂在嘴边的话，但是往往我们习惯接受，遗忘拒绝。当你常常脱口而出的是"我想要"，而非"我不要"时，就说明了你没有底线，自控能力很弱，不能够进行个人管理。无论是在生活中，还是在工作中，我们都应该学会拒绝，选择那些能够提升自己的，摒弃那些可能拖累自己的。

　　提升自控能力，有效地管理生活，能让你保持良好持续上进的状态，让你在通向成功的道路上越走越远。

　　为了提升自控能力，你可以尝试冥想。

　　"冥想"是瑜伽练习中常见的一种方法，我们可以加以利用。冥想能够帮助你适当地放空自己，跟自己对话，在放空的状态之下了解自己内心的想法。

　　我曾向身边的一个瑜伽爱好者请教什么是冥想。她说："冥想其实是在自己和他人之间设界，能够让你更专注自身，在内心安静下来的时候，你才能够更清楚地知道自己内心的想法。"

　　我虽然不是瑜伽爱好者，但我会在每天早上起床后进行冥想，这让我能够平静地去面对全新的一天，把对于新的一天的担忧都抛之脑后，简单地享受片刻的安静。用一种平静的心情去面对每一天，能够更好地帮助你冷静地处理事情，避免焦虑和不安的情绪。在当今社会中，越来越多的人在"贩卖"焦虑，所谓的成功学的背后其实都是攀比之下的不安情绪。而冥想能够让你更加专注，更加有效地管理自己的人生。

　　提升自控能力，需要学着自我原谅。你的生活中可能会出现这样的现象：当某件事情没有在规定时间之内完成，你就会产生各种各样的焦虑，让你在生活中失控，迷失了前行的方向。

当事情没有按照约定时间完成的时候，我们应该学会跟自己和解，而不是一直耿耿于怀。你也可以采取行动尽快地赶上原先的进度，这才是缓解焦虑最好的办法。一味地为难自己，使自己陷入负罪感之中无法前行，对身体和精神也会造成不好的影响。

不如放下焦虑，现在就开始行动，去做出改变，并且在之后的工作和生活之中吸取教训，把时间掌握在自己的手中。

提升自控能力，怀揣着更加美好的梦想前行。在我们心中其实都有一个目标，而正是因为这个目标的存在，我们才会对未来充满无数的幻想。

我刚进入社会的时候，并不明确自己想做什么，但是在我的心里有着一些备选项，所以我就决定从这些备选项开始，一一去尝试，因为只有真正地在某个职位上工作，你才能够清楚自己的喜恶。就这样，我找到了自己喜欢的工作，这份工作虽然有些辛苦，却是我心之所往，所以也就显得没有那么苦了。清楚自己心中想要的是什么，为自己树立目标，哪怕再难走的路都能够坚持下去。应该向减肥的小王学习，面对诱惑时，坚持自己最初的目标，保持高度的自控能力。

自控能力是一种有效的个人管理方式。当我们在生活中遇到问题的时候，学会控制自己的不良情绪，先做好情绪管理，然后才能够真正做好时间管理，遇见不一样的人生。

8. 掌握节奏——限定时间，才能更好地执行

做事情，节奏很重要。人生有很多的阶段，我们从幼时走到老年，在不同的阶段我们的任务也不同。

婴幼儿时期，我们可能在玩耍中成长；青年时期，我们可能在汲取知识；中年时期，我们为后代忙碌；老年时期，我们就成为被照顾的一方。对于每个人来说，不同的阶段应该有着不一样的任务。站在自己的位置上，不要着急，一切都会如约而至。

过年期间，大学室友组织了一场聚会。在聚餐中，我发现大家今年谈论的问题跟之前谈论的问题完全不一样了。

去年聚餐的时候，我们还说着各自在工作上的目标，有人想要月薪达到 3 万元以上、有人想要努力晋升职位等。但在今年的聚会上，我们谈论更多的是恋爱、结婚、生子。

我很好奇为什么大家的想法这么快就改变了，这时一个女同学解释道："其实是在工作期间，受到了一些前辈的影响，觉得自己应该尽快去思考自己的终身大事了，再等几年时间，就真的要孤独终老了。"这时候，我们大家都笑了。

婚姻问题很着急，但这种事情并不是着急就能够解决的。生活中的很多事都是如此，不要被身边的一些话影响，我们应该坚守自己的工作生活节奏，而不是被周围人的焦虑所影响。其实，

每个人都应该有自己的节奏。

不能够掌握自己节奏的人，最容易被别人的生活步调带偏，看似跟着主流节奏前进，其实已经丧失了自己的步伐。等你年老之后回忆过往，怅然若失，却是为时已晚。

掌握节奏，活出自我。

允许自己慢一点。有的人担心自己的步伐太慢了，赶不上时代发展的节奏，害怕自己被丢弃，但是只要你有自己的节奏，能够认真执行，那你的工作和生活就能够顺利且高效。

很多人唱歌的时候，都存在抢拍现象，是不会唱吗？其实是因为太紧张，过于重视结果，所以就导致频频出错。你越紧张，往往事与愿违。

在工作中也是一样，我习惯把控员工的工作节奏，每季、每月、每周的工作任务都需要达到一个量化的结果。任务量化要求得到更加清楚的数据，能够更加直观地了解一个项目的执行进度和落实情况。就像我们上面所提到的那样，太多人在乎能不能跟上所谓的节奏，反而忽视了工作和生活都应该是一种享受，而不是赶时间。

如果不是这样，那么我们的人生就没有了任何的意义，我们就都成了机器人。学会放慢脚步，去享受现在就好了。最重要的是掌控你自己的人生节奏，而不是随波逐流，最终沦为平庸之人。

能够做好目标计划的人，就能够成为生活和工作的主导者。要张弛有度地去面对工作，弓拉得太满，很容易伤人伤己。放松状态，调整心态，步伐慢一点也没关系。

讲究方法策略，在限定时间内做完规定的事情。之所以要限定时间，那是因为我们在工作之中往往会忽视时间成本。在约定时间之内完成任务，其实是一个有效的时间管理方法。

就拿我们公司开展的项目来说，计划时间为3个月。前半个月的工作安排，最主要的就是通知到位；接下来的一个半月时间内需要吸引更多的人参与到这次的工作之中，并且在这个过程中，我们要合理地设置奖励政策，落实实施项目；最后一个月的时间就是查漏补缺，一边开展工作，一边核对项目的完成情况。只有掌控节奏，才能够更好地完成工作。

在评估方面，应该做到及时地反馈信息。我们做事情往往会虎头蛇尾，不重视最后的收尾工作，其实这部分的工作内容才是最重要的，无论工作的完成度如何，都要从这件事之中吸取教训、得到警示。

"失败是成功之母"，成功就是能够在无数的失败中吸取经验教训，随后才能对这类事情更加得心应手地处理。我们不仅需要看到任务完成的速度，还要看任务能否保质保量地完成。

假如一个公司的职员A和职员B，两个人都需要完成上级下

达的同一个任务。职员 A 速度很快，在规定时间内完成了；职员
B 没有在规定时间内完成，但他完成的效果对于公司来说却能够
带来更大的利益。所以在这个过程中，虽然职员 B 没有在规定的
时间内完成任务，但他掌控着自己的节奏。

　　掌控自己的生活节奏，每个人都是独一无二的个体。你如果
能够为自己的目标设定时间框架，有效地在节奏和时间之间寻求
平衡点，那么你的工作会更加高效。

9. 时间管理——学学大师级的时间管理术

　　管理大师彼得·德鲁克曾经说过："时间是世界上最短缺的资
源，除非善于管理，否则一事无成。"我们在职场中，要想在有限
的上班时间内创造更大的价值，时间管理技能十分重要。

　　在我们的工作中，能够有效地进行时间管理，是成功的一半。
成功人士都善于使用时间，有的人把时间精确到秒，是因为他们
清楚地知道时间一去不复返。时间就像是一个只要稍微进行投资
就能够获利的产品，但有人把时间浪费在毫无意义的事情上，缺
乏时间成本意识。时间是消耗品，同时也是珍稀品，它在无形中
流逝，给珍惜它的人留下了财富，而给不珍惜它的人留下了遗憾。

　　成功人士都明确地知道自己在单位时间内能够创造出多大的价值，所以他们从不浪费时间，只把时间花费在应该做的事情上。

　　提及比尔·盖茨，我们立刻就想到了他所创造的财富帝国，这样一个能够在商界叱咤风云的人物，连马云都说："世界上只有一个比尔·盖茨，只有一个扎克伯格，但可以有很多个马云。"

　　比尔·盖茨的时间管理是什么样的呢？我们就以他的时间管理为例，探讨如何才能成为一个优秀的时间管理者。

　　首先，学会运用碎片化的时间。大部分人会习惯性地看时间，但却不清楚在时间的背后蕴含的是什么。平庸的人只看到了表面，成功的人却看到了背后的价值。

　　比尔·盖茨能够成为世界首富，绝对不是凭借运气，他在背后所付出的精力和努力是你远远想不到的。比尔·盖茨有一个"5分钟"理论。对于他来说，他能够把这5分钟的时间精确到秒，把时间细分到这样的地步，是因为他清楚地知道时间的可贵之处，再多的金钱，都不能买到时间。

　　比尔·盖茨说："我每分钟都做了安排，我认为这是做事的唯一方法。"可见他清楚地知道时间的残酷，所以他尽可能地去抓住每分每秒。

　　在我们的工作中，也存在着这样的例子，有的人用下班后乘车的时间来学习或者看书。我不止一次看到在地铁上看书学习的人，他们都清楚自己想要的是什么，能够正视自己的欲望，同时也知道自己差在什么地方，所以就把下班之后的通勤时间作为自我学习的时间。对于我们来说，无论是在工作中，还是生活中，都应该更好地跟时间相处、清楚时间的重要性、更加有效地利用时间，从而将我们的效率最大化。

请不要误会，我们强调争分夺秒，并不是让读者一直保持紧张感，而是说我们在进入工作状态的时候，注意力要保持高度集中，在有限的工作时间之内创造更大的价值。同时也不能一味地把自己沉浸在工作环境之中，适度的放松对于提高工作效率同样有帮助。

阿基米德就是在洗澡的时候发现了"浮力原理"，所以学会利用碎片化时间能够提高工作学习效率。

其次，在时间管理中要学会拒绝，学会拒绝是一门必修课。比尔·盖茨在中学的时候曾跟保罗一起编写程序，为了这个来之不易的机会，比尔·盖茨把自己一周的时间都花费在编写程序上，那段时间他闭门不出，一天工作 20 个小时。难道在他的生活中没有诱惑吗？诱惑是存在的，只是他懂得拒绝，他清楚地知道自己的时间应该花费在编程上。

不知道你的生活中有没有这样的现象存在呢？我总是会不自觉地答应别人的请求。当同事邀请我晚上去看电影的时候，我原本晚上计划的是自学网络课程，但话说出口，就变成了答应。类似的事情发生过多次，不懂得拒绝给我的生活带来了巨大的不便，于是，我决定改掉这个习惯。现在，当面对邀约的时候，我已经能够委婉地拒绝了。

学会拒绝给我的生活带来了巨大的便利，我可以拥有更多的时间去做自己想做的事情。

最后，集中力量。能够在一个行业占据顶尖位置的人，是能够集中所有的时间为一件事奋斗的。比尔·盖茨之所以能够取得巨大成就，跟他把自己的时间和精力都花费在计算机技术上是息息相关的。

他中学时期接触到计算机技术，就为之深深着迷，所以他之后所走的每一步都是为了能够离自己的目标更近一步。集中力量向一个地方发力，成功会向这些坚持不懈的人招手。

我们在工作过程中也是如此，我们只要坚定地认准一个目标，总会成功的。有的人喜欢的事物很多，但没有一个是能够真正坚持下来的，所以对于我们来说，成为全才不如成为专才，深入地去了解一件事情，这样的行为不是更有成就感吗？

如何有效地进行时间管理，是一个老生常谈的问题。成功的人之所以能够登上你羡慕的位置，不仅仅是因为他们花费了更多的时间和精力，还因为他们更注重效率。只有高效，才能在激烈的竞争之中有所成就。

10. 差距——你和目标的差距有多大

差距，其实是在对比之中产生的。当你主动地积极地看待差距时，你就会向优秀靠近；但当你被动地并且消极地去看待差距的时候，你可能越走越偏。

只有正确认识差距，才能在其引导之下，不断向前。清楚地知道与目标之间的差距，其实是一件需要勇气的事情，承认自己的不足并不是一件不好的事情。相反，只有正确地面对自己的不足，并且能够有所行动，才会走上一条让自己变得更好的道路。

在上学的时候，一个班里面的学生学习成绩总是两极分化。那么是什么原因导致了在同一个老师的教导之下，会出现两极分化呢？

其实深入探究，会发现其产生的原因是多层次的，有各方面的影响。比如学生的基础问题、课堂上的知识掌握能力等。但是，也有原本成绩不是很好的同学，成绩突然有了明显的提高。这样看似充满戏剧性的转折，其实是对方在背后默默付出的结果。

俞敏洪曾经在一次演讲中说过一个话题："人与人之间的差

距，是怎样一步步被拉开的？"其实人与人之间的差距，就是在你每一次的不以为意中被渐渐拉开的。在你浪费光阴的时候，别人在默默地努力，所以在一次一次的对决之中，你都以惨败告终。

我把自己处理问题的方式跟一位前辈做对比，她是我在工作和生活中的良师益友，我能够明显地感觉到与前辈的差距。

那么，差距都体现在哪些地方？

首先，是生活习惯上的不同。我之前并没有强烈的时间意识，做事情的依据就是喜欢就去做，并且我的作息时间极其不规律，放弃早起，习惯晚睡。在跟前辈一起工作的那段时间，我发现每次她都是最早到公司，我以为主管以上岗位的工作会轻松一些，时间也更宽松一些，但她却用行动向我证明了，优秀是要有资本的。

其次，学习观念上的差异。刚开始工作的时候，每天下班之后，我就躺在床上玩手机、睡觉，自己的私人时间完全被浪费。我也曾经尝试过好好利用私人时间，但是都放弃了。前辈的生活却极其丰富，她每天5点准时起床，并且在梳洗之后就进行英语学习，每天我起床后打开朋友圈看到的第一条总是她的打卡记录。

因为有了想要成为的人，我在之后的学习过程中总是不断调整，现在也能够正确运用碎片化时间学习了。

　　最后，是在工作效率上。我发现前辈无论去哪儿都会带着同一个笔记本。有一天，我就向前辈询问能否借我观看。在前辈的这个笔记本中密密麻麻地记着工作过程中的各种安排和想法，相当于是她的日常规划。

　　看完这个笔记本之后，我更加清楚自己与前辈之间的差距，在工作中前辈总是会传授给我一些如何让工作更高效的方法，这些方法令我受益匪浅。

　　你与成功人士之间的差距在哪里呢？难道真的就如同表面上看到的那样，就是有些人"天生比较聪明"吗？

　　其实，你与成功人士的差距表现在思维方式和行动力上。成功的人总是敢于挑战自我，他们同样畏惧失败，但并不想知道后悔莫及的感觉。

　　马云在上学的时候是人们眼中的"笨小孩"，他经历了两次中考，并且数学只考了31分。经历了三次高考，这些失败并没有阻止他的成功，他最后还是成了传奇人物。起点不同，并不是说你不能够扭转乾坤。更加努力地冲刺，那个黑马可能就是你。

　　要做就要做到最好。既然开始了准备，那么就要做到最优，优秀的人不会敷衍了事，而是懂得尊重自我和他人。

　　优秀的人在处理事情的时候，会拿出自己100%的精力去准备，他们只给自己一次机会。大学时候认识的一名高才生，他每次在全国性的考试中总会取得让人羡慕的好成绩，当我们问他是怎么取得这样的好成绩的时候，他说："我只给自己一次机会。"

一件事情要么就做到最好，要么就放弃，这是他的原则。他身上的正能量影响着每一个认识他的人。你和优秀的人的差距其实就是——比你优秀的人还在努力。

敢于走出舒适圈。我们习惯性地在自己的小圈子中占地为王，兴风作浪。我们选择的永远都是自己擅长的事情，但是优秀的人却敢于走出自己的舒适圈。那名高才生毕业之后，明明有着一份专业对口的高薪工作等待着他，他却选择去创业。

听到他的决定，我们都大吃一惊，创业投资的风险太高，当时因为这件事，辅导员还亲自给他做思想工作，毕竟那份高薪工作是一个难得的机会。但是他还是毅然决然地选择了创业，在他的努力打拼之下，他如今也小有成就。

优秀的人敢于打破常规，走出自己的舒适圈，创造更多可能。

当你面对难以解决的困难时，你有两个选择，放弃或者坚持，你会选择哪一个？可能你想要选择的是坚持，但在现实生活中有多少人能够真正地坚持下去呢？

马云在年少的时候经历了那么多次考试的失败，但他并没有被逆境打败，他选择的是大步向前、迎难而上。能够从困境走出来，就能够更加勇敢地面对更多的挑战。

　　清楚知道自己和别人的差距之后，见贤思齐，你的前途将会一片光明。

第四章

行 动 执 行

1. 原则——现在动手去做

过年浏览网页的时候，我发现很多人都在说："过年不适合做计划。"

一般过年的时候，轻松地享受生活是常态，所以就得出了"过年不适合做计划"的观点。其实过年也是可以工作学习的，今年要高考的弟弟在过年期间依旧在按照计划学习。高考一步步地逼近，他能够选择的就是抓紧每分每秒，去打好高考这一仗。

"过年不适合做计划"，这个观点也是拖延症的体现。计划什么时候都可以去做，做计划的目的不在于时间的适配度，而在于你是否能够现在就去做。

在你的生活中有多少计划被无限期地延后了呢？或许在某天收拾房间的时候，你找到了那张当初写着计划的字条，看到这张字条的时候，不禁反问自己：我当时写下的目标实现了吗？

在我们的生活和工作过程中，或许我们曾经写下许多计划，可能它们已经石沉大海，也可能它们之中有一些已经实现了。我们总是习惯性地做计划，但也总是习惯性地忽略计划。

为什么我们总是很难开始执行一项计划？在刚开始的时候总是信心满满，有着征服一切的决心，但持续的时间并不长，我们很快就会把计划抛之脑后，而随后是另外一个全新计划的诞生。

到底是什么在阻止我们实现目标？你并不清楚自己需要做什么，在开始就被绊住了前进的脚步。所以，目标没有实现，最主要的问题是执行力不够。

为什么会出现执行力太差的问题呢？

习惯性拖延，不到最后时刻决不开始动手。我在工作中也见到过一些这样的同事，他们的动手能力很弱，在工作的过程中缺乏行动力，上进心不强，抱着得过且过的心态。每个人对自己的生活都有不一样的选择。选择是一种自由，但这种自由是需要负责任的。如何才能更好地提升执行力？

第一，目标管理。目标的重要性，我们在之前的内容中已经反复强调过了，在执行的过程中，明确自己的目标，就像是找到了灯塔；有了前进的目标，我们才能更加清楚自己的方向。

身边一个相识多年的同事小张，最近准备辞职去考研。我知道她一直想要继续深造，但我没想到她会在这个时候选择离职，她明明很适合现在的这份工作，我想不通她为什么这么着急离职。

在我们之后的一次聊天中，我才知道，她越往上走，就越觉得自己的水平低。虽然在工作中，她在不断地学习进步。但对她来说，她现在的水平还是不够好，并且去读研究生一直是她的一个心愿。没过几天，她就办了离职手续。之后，她如愿以偿地成了某大学的研究生。

第二，个人管理。能够以高标准要求自己的人，严于律己，更容易取得成功。

举个例子，父亲跟儿子一起去公园散步，早上的公园格外安静，不时还传来几声鸟叫声，儿子的心情格外好。正当父子二人享受着早上的宁静时，儿子忽然看到了草丛中的垃圾。于是，他就生气地说道："这些人这么没有素质，乱丢垃圾，竟然也没有人打扫！"等儿子回头看父亲的时候，此时父亲正在捡垃圾，看到这一幕的儿子顿时羞红了脸。

我们习惯性地以高标准去要求别人，但我们更应该关注的是自己，与其去抱怨不美好，不如开始行动，去创造美好。

第三，误区管理。行动力缓慢的人最容易进入一些误区之中。比如，我们在目标没有完成的时候总是会去抱怨外界因素，很少从自己身上寻找原因，特别是在事件没有任何转机的时候，我们总是选择逃避问题，仿佛过几天再回头看，事情就能够更好地解决一样。那些你不敢直面的问题，就像是一个循坏的怪圈一样不断地纠缠着你，直到你最后醒悟。

正视生活或者工作中出现的问题，找到自身的不足并加以改正。比如，有的人总是喜欢把事情推到最后一刻才去做，等到发现时间不够用了才开始后悔起来，然后火急火燎地赶工，完工后，立刻就将事情抛之脑后了，从不知道总结经验教训。同样的情况就会重复地发生在他的生活之中。正视自己的不足，找到问题的关键所在，才是解决问题的完美方案。

现在就开始行动，有所改变。只说不做，事情放在那里就永远都是待办状态，解决问题的关键在于，现在动手去做。

2. 迈出第一步——好的开始是成功的一半

上学的时候，我总是对讲台有着莫名的恐惧感。中学的时候，我特别害怕老师叫我上去做题。每到老师提问的时候，我总是尽量地把自己缩成一团，试图消失在老师的视线之中。但是怕什么偏要来什么的定律却总是应验。我害怕被提问，老师总是会叫我，我的抵触情绪也越来越严重。

直到有一次，班主任在某次期末考试之后找我聊天。他的一番话，给我留下了深刻的印象："学会正视你的恐惧，只要敢于迈出第一步，你的人生就有可能变得不一样。"

那次聊天之后，我觉得应该学着去克服自己的恐惧，凡事总要尝试一下。于是，老师询问有没有人愿意回答这个问题的时候，我举起了手，忐忑地说出了答案，没想到得到了表扬。

有了第一次的尝试之后，我慢慢战胜了自己的恐惧，更加平静地面对这件事情了。

　　正所谓"万事开头难"，任何事情，第一次做的时候，都可能因为不清楚难易程度而产生畏惧情绪，这是很正常的现象。

　　但只要克服了最初的情绪，勇敢地迈出第一步，好的开始就是成功的一半。其实我本来也可以一直放任自己的恐惧，可以不主动举手回答问题的。但当我迈出第一步，选择主动去解决这件事情之后，我克服了对讲台的恐惧，我收获了一种满足感。学会抵制自己的畏惧情绪，勇敢地迈出一小步，对于你的人生而言，可能是一大步。

　　过年期间我跟闺密聚会的时候，她忽然告诉我她打算开网店，做一些手工饰品。我知道她对于这些事情一直都非常感兴趣，在我们上学期间，她就曾经自己做过一些小饰品送给周围的同学。

　　在她提出这个想法的时候，我觉得她的这个想法很好。但她又告诉了我她的焦虑，她害怕生意不好，还有各种各样其他的担忧。

　　"你想得太多了，还没有开始，你怎么就能够预测它的结局呢？并且以你这些年做销售的本领，再加上你的手艺，你一定可以。"

　　生意需要经营，有盈利自然也就有亏损，我把利害关系跟她分析了一下，我告诉她："如果你真的想要做，那么就开始行动吧。"

她做好前期的一些准备，就这样经营起了她的网店。刚开始，她主要在朋友圈进行宣传，她的客户也大多是亲朋好友。慢慢地有了口碑之后，店铺生意变得越来越好，订单量也越来越多。因为商品主打的是手工制品，需要制作时间，她已经准备辞职专职在家经营自己的网店了。

当你心中有想法的时候，其实不需要想太多，你觉得这件事情切实可行，那么就动手开始做吧。

及时行动，才是执行力的关键。迈出关键性的第一步，意味着你的人生已经开启了一种全新的可能性。快速地迈出第一步，并且确保第一步走好，需要做到两点：第一，提前做好准备，事半功倍；第二，不要总是担心结果，而要专注当下。

那么，我的闺密是怎样做的呢？

第一，提前做好准备，事半功倍。闺密在开网店之前就有基础，她在上学的时候就曾经亲手做过一些饰品送给身边的同学。

在她工作的这些年里，她并没有放弃手工饰品的制作，也会经常地去关注流行款式，还一直阅读跟饰品相关的书籍。正所谓"不打无准备之仗"。

第二，不要总担心结果，而要专注当下。很多人在事情还没有开始做之前，就在脑子中设想了无数的可能性。

长远地思考问题固然是不错的，但凡事不要总去想不好的方面，专注现在，做好每一件事情，事情自然会向好的方面发展。

闺密最初犹豫不决，就因为她害怕自己付出了心血和汗水，最后结果反而让人失望。她接受不了自己可能会失败，于是就被这个想法阻碍了行动的脚步。

胡思乱想，有时候是挡路石。如果在心中已经有了完整的想法，就尽力去做吧，不要给人生留遗憾。不给自己的人生设限，想到了就去执行。

如何才能迈出第一步？说了这么多，其实就在于你能不能真正地开始行动。

随着社会不断向前发展，容易焦虑的人群越来越庞大，而抵制焦虑最有效的方式便是开始行动，保证自己不落后于人，不断学习提升，更好地融入社会生活。

3. 行动思维——积极地面对即将到来的一切

在处理任何事情的时候，我们都会面临两种截然相反的选择，一种是积极面对，一种是消极面对。

往往在某件不可控的事情发生的时候，大多数人选择的都是消极地去面对。

工作中的一个同事，无论你在任何时候遇见他，他都是一副开心的样子，公司里的大多数人也就很喜欢跟他一起处事。

但就是这样的一个人，刚开始来的时候却和现在截然不同。

当时，他考研失败，很迷茫，就跟着同学一起投简历找工作。他刚入职的时候浑浑噩噩，后来却突然像变了一个人。

原来，他的转变主要得益于一部电影——《当幸福来敲门》。电影男主角面临着濒临破产、老婆离家，还有一个年幼的儿子需要照顾的境况，他的生活十分拮据，但在这样艰难的情况下，他依旧积极地面对生活。

电影中男主角说道："如果你有梦想，就要守护它，那些一事无成的人总是告诉你，你也成不了大器。有了目标就要全力以赴。"

这句话一下子点醒了他，因为一次考试就开始逃避，向生活低头，这样的他太软弱了。于是，他决定积极地面对每一天，并且要把这些阳光传递给身边的人。所以，在他的生活中，处处可见阳光明媚，他也正在把这种力量带给身边的人。

采用积极的行动去面对生活中的所有困难，你一定能够收获更多的阳光。有的人总在抱怨，有的人能够察觉自己被负面情绪包围。那么，你有没有想过为什么消极情绪总是能够找到你？

容易被负面情绪左右的人一般具有以下几个特征：一是生活

没有规划，每一天都没有明确的生活目标，找不到自己努力的方向；二是生活作息无规律，日子就在睡觉和玩手机中度过，这样的生活状态带来的只是空虚感；三是容易受到感染，不能够正确地掌控自己的情绪，当负面情绪席卷而来的时候，只是看着自己被负面情绪包围，而没有具体的调整措施。

容易被消极情绪影响的人，该如何快速解决这个问题呢？

首先，我们应该正视每件事情都具有两面性。对于我们来说，如果想要快速解决现状的话，需要做的就是辩证看待事情，而不是一直把目光聚焦在某一面上。如果一直把自己困在消极情绪中，不能够快速走出情绪，那么你就会一直很消极。只有更加全面地了解了事情后，才能够更加积极地面对生活。

其次，我们应该在反思中不断行动，从已经发生的事情中吸取经验教训，并且采用一定的行动去改变。

所谓行动思维，指的就是能够在思考中行动，在行动中思考。这是一个不断根据实际情况调整状态的方式。尤其当我们身处困境时，摒弃消极思想，立刻采取行动，才是最有效的方法。

最后，积极开始切实可行的行动。网络上有的人认为积极地看待问题有些不切实际，会局限我们的思维。这里我们就要讲到这个问题了，用积极的心态展开行动，是为了增加行动的可行性，积极并不等于盲目的乐观。依据切实可行的计划进行积极行动，就能够实现目标。

　　积极地面对生活和工作，是一种处事态度。转换思考方式，深入地去了解情况，多从积极的角度去看待问题，对待生活和工作的态度就会截然不同。行动是会受到心态影响的，理智地采取行动，无论道路上有多大的阻碍，都不能够阻挡我们前行的脚步。

4. 摆脱拖延症——让你的生活更高效

　　下面这样的场景是不是很熟悉呢？下班回到家中，什么事情都不想做，只想安静地躺在床上玩手机，其实你原本规划的是下班后进行一小时的自主学习；周末休息的时候，你发现了一个很不错的电视剧，于是就兴致勃勃地看电视了，然后两天休息日就这样度过了，其实你原本的规划是在休息日的时候看完某本书，并且做好读书笔记和写一篇读后感；工作的时候，你遇到了一个不想去处理的问题，于是一拖再拖，直到快下班的时间才赶着去处理这件事情，结果你下班时间就比平常晚了许多，而你原本打算下班之后要自己下厨，学着做饭的。

　　就这样，你的规划被突如其来的事情全部打乱了，你想要做的事情也全部因其他事情而推后了，你没有看完书，你也没有学会做饭。当我们去寻找原因的时候，我们很容易发现这些原因的背后有着一个共同的名字，那就是拖延症。

拖延症主要表现在四方面：一是自控能力不强，容易被其他事情分心；二是不自信，觉得某件事情是自己无法解决的，直到最后才不得不硬着头皮去解决；三是畏难情绪，还未开始行动，就高估问题的困难程度；四是错误的认知，对自我能力的认识过高或者过低，导致事件偏离预想。

这是在我们生活中比较常见的四种拖延症的表现，而接下来我们就要根据拖延症的表现，有针对性地提出解决措施。

第一，自控能力不强。没有人能够天生就懂得如何控制自己。我们在婴幼儿的时候，如果能够控制自己，那可能就不会哭泣了。

很多东西都是在不断的学习中，慢慢地转化为自己的习惯。当你发现自己无法集中注意力时，可以放下手中正在忙碌的事情，适当地放松一下大脑，这样更有助于提高效率。我们公司的财务总监说自己在工作疲惫的时候难以集中注意力，她就会放下手头的工作，离开工作室，去外面走走。这样的方式让她能够在接下来的工作中效率更高。

第二，不自信。不自信表现在很多人的身上，比如不敢、不好意思麻烦别人等，这些现象从不同程度上体现了不自信。

同事小李在面对工作问题的时候曾经极不自信，不能第一时间提出解决措施，也不敢向同事求助。为了改变自己，她开始积极地暗示自己"你可以的"。

慢慢地，她改变了，不再是那个畏畏缩缩的小李，而是能够独当一面了。因为不自信而拖延问题，不好意思在别人面前表现自己，处理事情畏畏缩缩，这对于工作有很大的不利。不好意思表达自己真实的想法，那么晋升就更与你无关了。

第三，畏难情绪。还没有开始行动的时候，就已经被臆想中的困难吓得退缩了，这种情况无论在工作中还是生活中都很常见。

以前公司的实习生经常吃外卖，有一天终于因为肠胃问题住进了医院。出院之后，她决定尝试着自己做饭。她原来从不做饭，因为刀、火、油这些东西，她想想就觉得可怕。当不得不开始自己做饭时，她发现其实厨房并没有那么可怕。

现在的她，已经有很多拿得出手的菜品了，我们还经常会在中午试吃她亲手做的午餐。所以，面对未知的事情，不要提前下结论，只有真正体验过后，才能够得到更加全面的认识。

第四，错误认知。学会正视自己，接纳那个不完美的自己。正视自己，意味着对自我的深入了解，不仅要知道自己的优点，还要清楚自己的缺点。

剖析自己，和自己对话，只有真正地认识了自己，才能知道什么样的处事方式是适合我们的。

以上是我们针对常见的拖延症的表现所提出的相应措施，希望能够在你迷惘的时候给你一些建议，再通过执行去实现自己的想法。

5. 由小见大——从小事开始做起

周末休息的时候，我常去哥哥家做客，在跟哥哥的谈话中，他告诉了我一个这样的故事。

某天，哥哥吃完饭陪着小侄子一起玩积木，小侄子天真地说："我要搭一栋最漂亮的小房子。"于是，我哥哥就跟他一起动手做了起来，但在搭建的过程中，他们因为底部应该使用的积木数量问题吵了起来。在小侄子看来，底部的积木应该多一些，这样房子才不容易倒塌；在哥哥看来，底部的积木数量应该少一些，因为在后面的搭建过程中还需要修整的，应该先搭建一个大致的模型。

小侄子的考虑是出于对根基的重视，而哥哥习惯了用他工作中的思维去考虑问题。因为在工作中的项目运行过程中难免会出现问题，所以哥哥总是先准备好应急方案，然后才开始展开工作。哥哥讲完这个故事后说："忽然发现，我在工作中好像已经习惯了应急措施的存在，所以，往往忽视了最重要的细节问题。"

我们常说"细节决定成败"，那些能够在行业中站稳脚跟的人，都是一步步走过来的，只有这样，才能够在工作和生活中掌握主动权。

做事情最重要的就是打好基础，走好第一步至关重要。比如，今天我打算早起，但在醒了之后，却直接玩起了手机。即使今天我是早起的，但我今天早上却什么事情都没有做。如果我能够在睁开眼睛之后就从床上起来，可能就会有不一样的结果。

人们总是喜欢在事情发生之后，并且无法补救的时候，说"为什么我当时不那么做啊"，然后在后悔中反思过去。一件事情开始做的时候，然后一定要走好第一步，看似平凡的这第一小步可能会决定整件事情的成败。

"行百里者半九十"，人们很容易被即将到来的成功冲淡了紧张感，其实这个时候往往更容易出现差错。回顾以往的工作经历，你会发现事情的偏差往往出现在你忽视的细微之处。重视工作过程中的每一个细微之处，不要疏忽大意。

例如，无论是小型的汇报表演，还是大型的活动，都会进行彩排，以确保在正式演出的时候万无一失，不到落幕那一刻，演出活动就不算是真正结束。

"细节决定成败"，这个说法一点都不夸张，正所谓"千里之堤，溃于蚁穴"，想要获得成功，细节应该是你时刻都要去关注的。

从小事开始做起，你需要具备 3 种心态：耐心、细心、专心。如果能够带着这 3 种心态进入工作中，一切问题都会迎刃而解。

首先，耐心的处事态度。如果细心观察的话，你会发现很多企业在招聘的时候，除了技能上的要求之外，往往会出现"有耐心"等类似的要求，可见在工作的时候，耐心是一项很重要的个人品质。例如，在跟客户沟通的时候，除去沟通技能，我们更要有耐心。同时用耐心去应对工作中的一些负面情绪，能够让你更理智地看待问题，快速找到解决方案。

通常，在某个项目快要完成的时候，我们都会顶着巨大的压力。心理素质强的人或许能够很好地控制自己的情绪，一步一步地向前走；但心理素质弱的人，可能很容易因一些状况就崩溃，不能够及时处理自己的负面情绪。

我的方法是在负面情绪快要爆发的时候，在心中开始倒计时，然后等情绪慢慢平复下来，再去处理自己应该做的事情。耐心地面对问题，冷静地解决问题，才是一个职场人士应该做的。

其次，细心的处事方法。我的助理本身的能力并不强，但她无论单独处理事情，还是在协助别人工作的时候，都能够细心地完成任何一个任务。比如，我看了某天的会议资料之后觉得有一些地方还需要调整，这时候又有其他的事情需要我去协商，等我再次看到这份文件的时候，已经是她更改过后的资料了。

我一直相信"极致原则"，即：既然已经开始做某件事情了，就要把这件事情做到极致。能够把这个原则执行到底的人，在工作上一定不会差。

最后，专心的处事原则。我家里上高中的小妹最近写作业时会时不时地玩手机，同时还开着电脑看视频、跟朋友聊天。任何事情都需要我们一步一步地去完成，在浮躁的环境中，专心去做一件事情，才会离成功更近。做事情要一件一件地完成，再小的细节都有它存在的意义。

重视细节，认真地对待，并不只看到大的价值，而忽视了小的方面。只要我们从身边的小事情开始做起，就会在某些时候为我们的工作或生活带来极大的便利。不要只看到远方，却忽视了眼前的细节。

细节决定成败，关注细节，坚持行动，会出现不一样的变化。

6. 行动表现——从开始到最后

很多人会问："我明明已经开始行动了，但为什么结果还是不尽如人意？"

面对这个问题，我们需要确认几件事情。首先，你是真的在努力，还是在进行一种"虚假努力"？

这里提到的"虚假努力"，即表面上看起来这个人好像是一直在默默无闻地做着自己手头上的工作，但却没有丝毫进展。

在职场中，我们常常会遇到这样的情况，明明在工位上奋斗了一个小时，工作却没有太大的进展。"虚假努力"带来的只是短暂的快乐。

其次，你在这个过程中是否真的做到了问心无愧？很多人做事情总是刚开始的时候有模有样，但后面就变成了三天打鱼，两天晒网，断断续续。这样的处事态度，结果可以预料。

最后，你的发力点是否正确？上学的时候，我身边的一些同学每天都俯身教室，但等到考试结果出来之后，成绩却平平。不找到自己薄弱的地方在哪里，无论怎么努力都是没有结果的。所以，我们在处理事情的时候，找谁发力点很重要，找到那个点，然后开始努力。

真正能够取得成功的人，都是有所坚持的。就拿那个在企业中一做就是 7 年的前辈来说，她难道不清楚自己的整个青春年华都奉献给了这家企业？只是因为她对这个职业有着喜爱，所以在她看来，一路走来也并没有那么辛苦了。在重视行动的同时，在整个过程中，如何才能从开始走到最后？依靠的就是坚持。

这样说起来有些像是"心灵鸡汤",但"坚持"是一个在我们生活和工作中很常见的词语,它的含义不在于表面,而在于你是否能够真正做到。

从开始到最后,是一个循序渐进的过程,需要我们从刻意坚持到习惯坚持。这也是我和身边一些高效人士慢慢总结出来的经验,希望能够解决你在职场中所遇到的难题。

我上大学的时候,特别喜欢外国文学作品,但在阅读译文的时候,发现有些翻译真的是错误百出,于是萌生了去读原文的想法。但在买到原文书籍后,我却不能保证自己能读下去,因为不认识的单词有很多。于是,我并没有盲目行动,而是首先向英语专业的同学请教了一些相关问题,然后结合自己的实际情况做了一些计划。

在挑选书籍的时候,我选择了自己喜欢而且是入门级的书《小王子》。我给自己制订的计划是每天阅读1小时,每周至少阅读4天,并且在阅读的过程中,我把不会的单词、语法及时标注,之后查询资料并反复记忆。

在这个过程中,我不仅体会到了阅读英语的快乐,而且还对西方的习俗有了更加深刻的理解。我也做了一个英文阅读打卡表格,每日任务完成之后我都会在这张表格上打钩,并且进行定期检查。这个表格在我的计划中起到了不可替代的监督作用。

在前期的学习中，我通过刻意练习坚持了下来。刻意练习其实是一个很实用的方法。通过刻意练习，我们能够更快地从原有的生活方式中走出来，也可以更接近自己向往的状态。其实在你刻意练习一段时间之后，你会发现，刻意坚持已经变成了习惯坚持，好的习惯是能够让你受益终生的。

通过 3 个月的刻意练习，在之后的时间里，英文阅读成了我生活的一部分。我不再像之前那样通过表格的形式进行检查，而是对阅读的方式进行了调整。我把睡觉之前的这段时间用在了英文阅读上，并且在完成一本书的阅读之后进行笔记的整理。

现在，我已经能够无障碍地进行英文阅读了，英文阅读成了我生活的一部分，不管有多忙，我都会在睡觉之前看几页书。当刻意坚持过渡到习惯坚持，这个行为就会给生活带来很大的改变。

你曾真正在你的生命中坚持过什么？半途而废的事情太多，不如开始改变，有所行动，把一件事情从开始做到最后。

成功高效的职场人士都是这样不断跟自己较真，把一件事情做到极致。总而言之，坚持行动，高效行动，这个过程虽很缓慢，但请你耐心坚持，不断推进。

7. 行动重点——从重要的事情开始做起

在工作中，可能大多数人都会面临这样的状况：需要在某个时间段内同时处理几件事情。这时候如何进行时间上的分配，对于职场新手来说，是一件很头痛的事情。

我身边的同事也曾经向我求教过："你如何处理工作中那么多的事情？"其实这个问题的答案很简单，那就是权衡它们的轻重缓急，重要的事情总是需要尽快解决，也需要花费更多的时间和精力。

在行动管理上，首先需要厘清思路，抓住重点。我们在行动的过程中，需要清楚地知道自己的工作重点是什么。

从整个行动计划中找到重点任务，能够极大地节约时间成本，提高工作效率。在整个项目执行过程中，抓住重点展开行动，将收到事半功倍的效果。

如何才能准确地找到一件事情的重点呢？你平常做事情的步骤是什么呢？是先思考再行动？还是先行动再思考？先思考再行动，强调对于问题的掌控能力，确保自己能够尽快进入状态，之后能采取一种更适合自己的行动方式。

先行动再思考，只清楚自己想要的是什么，而不清楚自己能否做得到。如果你不是一个有自制力的人，那么可能先行动后思考更适合你。现在回到我们的问题上，如何去寻找行动的重点呢？

答案其实很简单，就是6个字：明确、分析、优先。明确，就是清楚地知道自己的目标。只有这样，在这条路上你才能更加勇敢无畏地向前。分析，就是能够针对同一时间段的不同任务进行剖析，根据它们的重要和紧急程度对事件进行排序，让你在众多的工作行程中一下子就看到哪一项工作应当优先处理。优先的前提就是熟悉行动项目的步骤。

假使一个项目的步骤为：准备、实施、总结。那么我们很容易看出重点是什么，准备的过程中应该注意细节，实施的过程中应该注重统筹，总结的过程中应该重视经验。只有明晰了工作重点，行动才能达到更好的效果。

在行动重点的执行过程中，有哪些事情需要注意呢？

首先，只看准一个点。在职场中如果需要同时处理很多事情，到底应该怎样取舍呢？就拿我的工作会议来说，开会的目的是为了让我的团队更加清楚地知道今日工作的重点，以及大家在行动过程中会遇到的一些问题，以保障工作能够更好地进行。

重要的事情在会议上应该被标注清楚。我们最近有一个项目正在进行中，那么这个项目的维护无疑是最重要的一件事情，我们今天的会议重点就是围绕这个项目展开的。在工作中找到一个重点，并且以这个重点为圆心，提前准备好相关信息，在项目落实的过程中，确保每一步行动都能够顺利进行。

想做的事情有很多，每一次都为自己制订一个计划，但最后真正落实行动的却没有几个。等到别人做年终总结的时候，你才发现其实自己什么事情都没有真正地完成。这样的场景，是不是有些熟悉？其实很多人的状态都是如此。

如果你的生活不是这样的，那么恭喜你，你的执行力已经很强了。如果你的生活的确是这样的，可能你真的需要调整一下自己的状态了。目标太多，找不到自己的行动重点，结果是一件事情都没有坚持下去，反而陷入了无尽的悔恨之中。只有找到任务重点，才能够更好地行动。

认定的事情要坚持下去。我身边有一个朋友是大器晚成型的，他本科毕业的时候已经 25 岁，而他同级的同学才 22 岁。

他这时候对于自己的未来还是没有任何规划，不知道要做什么，稀里糊涂地找了一个实习单位，就这样做了两年。但在这两年中，他没有成为自己想要的样子，反而使自己的生活一团乱麻。

原本争取的晋升机会给了别人，他在反省的时候觉察到自己一团糟的生活状态。于是，他更加努力地去做好工作，把每一个机会都把握在手中。虽然他身边的人大多毕业于名校或者拥有研究生学历，但他却用自己的行动证明了自己的能力。

经过 5 年的努力，现在的他已经是行业中的顶尖人才了，谈到他的奋斗历程，他说："那次晋升机会丧失之后，我发誓一定要做到这个行业的顶端，所以我很感谢自己这段时间能一直坚持不放弃。"坚持是行动道路上的支点。

抓住了行动重点，从重要的事情开始做起。重要的事情需要付出更多的汗水，只有有所坚持，为行动找到支点，才能够走到最后，成为行业中的佼佼者。

8. 化整为零——任务分解，让生活更轻松

看到"化整为零"4个字，你脑海中冒出的第一想法是什么呢？究竟什么是"化整为零"？其实"化整为零"的意思很简单，就是把整体分解成部分，其实，这是很多人在日常生活中会无意识地去使用的一个方法。

比如，准备一场考试，你需要提前去了解这场考试的时间以及试卷题型，通过分析试卷内容，清楚地知道分数的分布情况，根据分布情况有所侧重地去安排自己的学习重心。

"化整为零"，大致可以等同于任务分解。任务分解就只是简单地把任务分开进行吗？并非如此，现在为大家总结一下任务分解的步骤。

首先是目标。只有清楚自己的目标是什么，才能够更加清楚自己应该做什么。有了目标之后，才会顺其自然地有结局。

其次是任务。目标定位的是方向，而任务决定了你该如何采取行动。是否采取行动是所有任务开始的关键。

最后是分析。对自己的目标进行分析，清楚自己如何在可控范围内对任务进行分解。

大学时期，老师提了一个3个月看1000部电影的挑战，我听说之后跃跃欲试。结合自己的实际情况，这样的阅片数量对我来说有点多，我不能在一天的时间内看11部电影，所以，我给自己定的目标是3个月看300部电影。

任务目标确定之后，我就开始围绕着这个目标去确定自己的小任务，对其进行分解。要在3个月的时间内完成任务，我每个月要看的电影数量就是100部，那么一天就要看3部电影。但除去看电影，我还有课程安排，所以不能平均分配。最终，我的计划是：第一个月看60部电影，接下来的两个月每天看4部电影。就这样，我的阅片之旅开始了。

做好了任务分解，在任务执行的过程中，我又是如何展开行动的呢？

第一，实时跟踪。为了完成3个月看300部电影的挑战，我专门准备了一个新本子去记录这3个月看的电影。在这个本子上，我会记录观影日期、电影相关背景和一些台词摘抄，再加上对于这部电影的感悟。

这样的记录方式不仅仅是为了完成挑战，对我来说，这也是一个很好的总结方式。记下某部电影触动到我的一些地方，之后再去看同一部电影的时候，随着人生阅历的不断丰富，对于同一部电影就会产生不一样的理解。这种实时跟踪记录的方式，其实也是一种监督，能够提高我的执行力。

这种监督方式可以应用在我们的工作中。比如，有些企业在一段时间内会有内部工作内容检查，员工需要记录总结自己每天的工作内容，这样不仅能帮助自己回顾一天的得失，也能让企业更好地把控进度。监督是有效对抗拖延症的一种方法，同时也是提高执行力的关键。

第二，经验总结。如此强调总结的作用，是因为大多数人在任务执行过后，无论结果好坏，都没有养成总结失败教训或者成功经验的习惯。希望大家能够重视起来，从失败中寻找教训，从成功中寻找经验。

3 个月 300 部的观影计划执行得如何呢？记录监督的方式让我更加了解了哪一类影片是我的最爱。最后的结局是超额完成。在这个计划之中，我总结了能够顺利完成计划的经验。

第一就是兴趣。电影一直都是我生活中的调味剂，用 2 小时左右的时间去感受另外一个人的人生是一种很奇妙的感受，兴趣的存在是坚持下去的理由之一。

第二就是监督记录的方式。它不仅让我的目标更明确清楚，还让我更加坚定地坚持下去。每次看完电影之后的记录时光总是很美好。经过这次的小小锻炼，之后每次遇到一个新目标，我都会进行相关的分解，让任务能够更好更快地完成。

学会任务分解，养成任务分解的习惯，无论在生活中，还是工作中，这样的行为方式都能够让你更加充实和高效。

9. 督促自己——把计划变成生活

大多数人在行动的时候三分钟热度，上一秒可能还说着"我要做什么"，但下一秒就可能已将其完全抛之脑后。可能一些人清楚自己想要做什么，但行动总是拖了思想的后腿，只有三分钟热度。

其实这种现象说起来就是受惰性的影响。惰性是心理学上的一个名词，近些年来，它频繁地出现在各种书籍之中，主要原因就是它在我们的生活和工作之中，已经从隐性转为显性了。该如何正确地对抗惰性呢？那就是马上采取行动，把行动当作习惯。

当习惯变成自然的时候，什么事情执行起来都不会太困难。

我曾经邀请一些朋友做过这样一个实验，将实验对象分为两组，要求两组人在同样的时间起床、在同样的时间睡觉。唯一不同的是，一组人需要在前一天晚上就开始计划第二天的行程，并且严格执行自己的计划；另外一组人则完全按照自己原本的生活方式生活。

就这样通过一个星期的实验，两组人已经能够看出一些不一样了。严格执行计划的一组人每一天都能够超额完成任务，并且他们的生活状态已经有了很大的不同，但另外一组人的生活状态并没有明显的改变，他们的生活依旧像以往那样。

之所以会做这样一个实验，其实是想对"规划"的影响作用进行一个测试。通过这个测试，我们可以得出一个结论——有计划的人更加高效专注。

在这个实验之后，我在跟那些朋友聊天时发现，他们的生活也发生了一些变化。比如，严格执行计划的那一组人，有一些人已经能够把计划安排变成自己的日常习惯，而没有计划安排的那一组人中，有些人也已经开始通过计划约束自己，进入了一种自律的生活状态。但也有一小部分人依旧按照自己原先的生活方式继续生活，他们的生活没有任何的改变。

想要度过什么样的人生，其实还要看你自己的选择。有的人选择坚持行动，他们的生活成为自己想要的样子；有些人选择继续现在的状态，在原有的轨道上不做改变。

你想要的人生和你现在的人生是否合拍，取决于你选择了什么。有时候，我们想要去坚持某件事情，但在生活中难免会出现一些预想不到的岔子，我们原先的计划就会被打乱。成功人士在面对突如其来的事情时，总会督促自己坚持下去，习惯成自然，所以，他们最后成了职场中的高效人士。

对于自制能力不强的人来说，如何才能更好地执行任务，把需要改变的事情从计划变成日常呢？

其实最需要的就是能够坚持。说起来容易做起来难。我在这里结合自身实践经验，整理了一些能够有效起到督促作用的方法。

首先是兴趣练习。兴趣爱好会吸引你做自己喜欢的事情，抵消一些畏难情绪，所以，从兴趣爱好开始培养持之以恒的品质会更容易。就像我们在上学的时候天天盼着放假，一说到我们感兴趣的游戏就有高涨的热情。所以，从自己的兴趣爱好出发，养成好的生活、工作习惯，然后再运用到其他需要坚持的事情上。

其次，就是我一直在执行的打卡记录的方式。"随着工作越来越多，属于自己工作之外的时间也就有所减少，而下班之后总是提不起精神来，所以需要做出一些改变了。"这是我身边的一个同事说的。

工作之后，她再没有看过书，没有考取证书的想法，但最近她想要改变，于是，我就把自己打卡记录的监督方式分享给她。

其实，打卡记录是一件很简单的事情，如果在当天完成任务，那么就可以在任务后面打上对号。这样的方式可以更加方便有效地监督计划的进行情况，也能够让你在每天忙碌的生活和工作之中更有效地进行个人管理。

最后是身体记忆。当我们把一件事情重复越来越多次的时候，就会形成一种身体记忆。比如，习惯早起的人是不会赖床的。当一种习惯成为身体记忆的时候，就能够让我们享受高效人生带来的机遇和成长。

督促是一种有效的方式，它可以被应用在我们的生活和工作中，可以让我们了解计划落实到行动后的执行情况如何，帮助我们形成高度自觉自律的好习惯。

10. 对自己负责——你想要的生活状态和生活方式

随着互联网信息的快速发展，目前在网络市场中有一类视频内容受到了用户的热烈欢迎，那就是在这两年中兴起的 vlog（视频博客）。

　　第一个 vlog 在 Youtube（油管视频）上走红，之后就开始广泛地出现在人们的视野中。这些 vlog 大多数是拍摄者分享自己的生活状态和生活方式。有些视频下面经常会出现"活成了我想要的样子""是我未来想要的生活状态"等带着憧憬和向往的留言。

　　我说这些，并不是批评这些留言。事实上，确实有人把自己的生活过成了诗。我认识的一个同事，她每天都过得很精致：早上准备好早餐和咖啡，下班回家总会在路过的花店为自己买束花，回到家中之后卸妆洗澡，点着香薰蜡烛，放着舒缓的音乐，拿着一本书，这样度过美妙的一天。

　　这样的生活确实是很多人期待中的模样。但你并不能够复制别人的人生，你需要有自己的生活方式，人生可以借鉴经验和教训，却不能够复制。

　　世界上没有两片完全相同的叶子。同样，这个世界上也没有两种完全相同的人生。我们总会无意识地去模仿别人，主要是对待问题没有自己的看法。一味去模仿别人的做事方法，时间久了就会产生恍惚感。在生活走进死胡同的时候，我们会去借鉴别人的生活经验，去寻找新的出口，但你需要清楚的是任何人的人生都无法复制。

　　我曾经看过一部电影《朱莉与朱莉娅》。其中，朱莉娅是朱莉的偶像，朱莉通过效仿偶像的菜单制作每日食谱并上传博客，最终走红。但对于朱莉娅来说，朱莉只是众多效仿者中成功的一个而已，朱莉找到的只是别人的影子。

最初我们不清楚自己想要的是什么，不清楚自己的每一步该如何向前的时候，会去模仿别人的行为，想为自己的生活找到状态。但也有很多人容易在别人的生活中迷失，学别人肆意地放纵自己的欲望，反而对自己的生活造成了极大的负担。

不是说我们不能期待美好的生活状态，而是希望我们在追寻的时候，不要被诱惑束缚。有的人清楚地知道自己未来想要什么样的生活状态，在网上看到某个博主的生活状态正是她（他）所期待的，她（他）就以对方为目标，努力成为像对方那样的人。

我一直相信"一分耕耘，一分收获"，如果无所事事，那么一切回报都会远离。我们应该对自己负责，清楚地知道什么是自己的目标，以行动作为自己最大的护盾，无畏向前。

对自己负责，如何推动自己的行动跟上思维呢？这里总结了一些方法，希望能够对你在未来路上有所帮助。

第一，动力推进法。这种方法在我们的生活和工作中经常被运用。每个人对未来的期许程度是不同的。我们对于物质的需求只会不断地增加，并不会安于现状。人的欲望总是无止境的，学会给自己的欲望设限是一种需要不断提升的能力。

但物质奖励实际上是推动我们向前的一种简单有效的方法。

有时候，强大的工作压力已经压得我快喘不过气了，我就会采取动力推进法，给自己的工作一些激励。比如，我的目标是在几年内能够拥有自己的房子，只要想到这里，即使承担着巨大的压力，我的内心也会产生动力继续支撑下去。在这项工作完成之后，一场旅行或者是一顿美食大餐，也会让我瞬间满足。

第二，环境影响法。这个方法主要针对的就是自制能力较差的人。一个好的环境能够让你的工作更加高效。在周末的时候，我经常会去附近的图书馆工作，处理一些需要提前准备或者总结报告的事情。一个人在家学习、工作容易懈怠，不如换个环境。在图书馆中看着身边努力的人，也是一种无形的压力，让我能够更快速地处理事情。

第三，目标激励法。目标激励法其实就是为自己设置目标，比如，你可以以本行业的某个知名人士为目标。有了前进的方向，也就能够在工作过程中更加坚定地坚持下来，你终有一天会成为所谓的"追星典范"。向喜欢的人物不断靠近是实现目标的关键。

向着期待的方向努力，高效人士已经把努力变成了自己的生活习惯。对自己负责，你想要的生活状态终会实现。

11. 格局——做事情要学会长远考虑

我们经常会听到长辈语重心长地说道："做事情要长远考虑，不要只看到眼前的利益。"什么是长远考虑？什么又是短期考虑呢？

对于一个企业来说，长远考虑就是要清楚地知道企业未来的走向，能够抓住时代的机遇，一飞冲天，成就企业的未来。对于个人来说，长远考虑是对自己人生进行规划，清楚地知道自己的定位以及未来的发展方向。眼界决定格局，而格局决定你的发展目标。

在网上流行这样的一句话："商人和企业家本质的区别在于格局。格是对认知范围内事物认知的程度，局是指认知范围内所做事情以及事情的结果，合起来称之为格局。对于一个企业家来说，格局极其重要，它所决定的可能是未来企业的成败。"

曾经，美国亚马逊一直被认为是一家不盈利的公司。但就是这样的一家公司，如今却成了人们生活的一部分。亚马逊之所以有这样的发展和成就，取决于管理者超前的眼界和格局。

亚马逊 CEO（首席执行官）贝佐斯如何应对瞬息万变的市场呢？他的回答是："以不变应万变。"

贝佐斯在一次接受采访时说道："我常被问一个问题，在接下

来的 10 年里，会有什么样的变化？但我很少被问到，在接下来的
10 年里，什么会不变？我认为，第二个问题比第一个问题更加重
要，因为你需要将你的战略建立在不变的事物上。"

他重视的是人们在日常之中所看到的最基本的事情。他随后说
道："在购物领域，经济状况在变化，消费者的购物方式在变化，商
品的品类也在变化……但这都不能称之为购物的本质。购物的本质
是我们希望以更快的速度，更低的价格，更好的服务买到东西。"

他重视的是能够为消费者提供满意的服务。因为对于企业来
说，消费者的维权意识和网络信息的影响力，能够让一个企业塑
造多年的形象品牌刹那间倾覆。由此可见，亚马逊 CEO 贝佐斯的
一些格局观念直到现在依旧是不过时的，这也是亚马逊能够健康
发展的原因。

对于一个企业来说，企业家的格局眼光决定了企业未来的发
展走向，对于个人来说亦是如此。

有调查指出，当代社会的年轻人吃快餐、坐快车，虽然不知
道一天在忙碌些什么，但总是行色匆匆，不会花费太多的时间用
在一件需要长久坚持的事情上。

我认识的一个小姑娘，最近在准备公务员考试。当我问她为
什么不选择考研而选择考公务员时，她说："考研准备时间太长了，
并且具备太多的不确定因素。"这种考虑是很现实的。现在很多人

都想要快速回报，却忘了思考自己人生的意义。每个人都有自己的活法，无论是什么样的选择，格局不能被忽视。曾国藩曾经说过："谋大事者，首重格局。"那么，我们需要具备什么样的思维方式才能成为一个有格局的人呢？

第一是拿破仑思维。拿破仑思维就是一种能够在世界纷扰之中保持自己的主见并且敢做的思维方式。

在做任何事情的时候，都要有自己的看法，而不是随大溜前进；只有坚持己见，时刻保持着清醒的头脑，才能够正确地做出判断。我们公司销售部曾经有一个同事，因为工作的原因，需要他添加许多微信好友。但处理这么多人的消息在他看来是一项极其麻烦的事情。直到有一次，公司让他找之前的客户沟通事务，我们才发现，他每次和客户谈完一单之后都会删除对方的联系方式。这就反映了一个人看问题的格局。

第二是司马光思维。司马光思维重在打破思维定式。司马光砸缸的故事，我们在小学课本上就读过。有时候，我们需要像司马光一样打破固有思维模式，跳出思维定式怪圈。

我们就以牛顿发现万有引力定律为例，牛顿通过一个苹果的落地，发现了万有引力定律。苹果落地是生活中一个极其常见的现象，只是人们习惯了它的固有存在，也没有产生什么好奇心。但牛顿却因此产生了一些不一样的思考，这个苹果也成了改变人类社会的第二个苹果。打破思维定式，你看到的也许就是完全不同的现象；打破常规，会有不一样的风景。

做事情要学会从长远的角度考虑，不要让现状束缚了自己，而是要通过行动去成就不一样的人生。放大格局，你的格局有多大，你的未来人生也就拥有多大的可能性；格局越大，越能够成就一番事业。

第五章

个 人 管 理

1．归零——重新开始，从零出发

当我们在工作中取得一些成就的时候，我们很容易自鸣得意，但一旦精神状态放松，错误就可能乘虚而入，可能就会带来一连串不好的影响。

之所以会提到这种现象，其实是因为我们在工作和生活中需要时刻保持空杯心态。当取得一些成就的时候，不要骄傲，时刻保持一种谦卑的心态，以一种学习者的状态去面对生活和工作。

什么是空杯心态呢？空杯心态起源于一个禅宗故事。一个佛学造诣颇深的人，听说山上有一个声名远播的老禅师，就想上山拜访。但这个人骄傲自大，自以为对方比不上自己的修行，所以到了山上，面对老禅师引路的弟子就表现出了不屑一顾的样子。

老禅师已经把一切都看在了眼里，于是，他在为对方倒茶的时候，水漫出来了还是没有停下。这时候，上山求教的那个人问道："水已经漫出来了，为什么还要继续倒水呢？"

老禅师这时候也说道："水漫出来了，为什么还要倒水呢？"上山求教的那个人瞬时脸红了起来。

其实，在老禅师的话语中隐藏着另外一层意思——你觉得自己修行颇深了，为什么还要上山求教呢？上山求教的人自以为修行颇深，却忘了天外有天，人外有人。

　　他以一种满杯的心态去请教问题，杯子已经装满了水，就再也没有办法倒入水了。反过来看，如果我们处理事情的时候以一种空杯的心态去请教，那么我们学到的内容就会很多。学会定期清理自己的"内存"，以一种归零的心态面对工作，对于职场人士具有重要意义。

　　大学的时候，我想做一些跟自己专业相关的事情。于是，在暑假，我进入培训机构做辅导老师，在里面做了两个月之后，对这个行业也有了自己的理解。

　　在大四实习的时候，我觉得自己基本掌握了行业内容，依旧按照之前的工作模式工作，完全没有注意到，其实之前处理事情的方式已经不适应现在了。但因为还没有犯太大的错误，我也就一直没有注意到。

　　直到某次周例会的时候，我交上去的某个项目的规划，领导一下子就看出了很多不足的地方，他发现我的规划使用的一些东西还是半年之前的内容。有些东西发生改变了，就需要及时调整。其实在职场中最忌讳的就是倚老卖老，更何况当时的我还是一个小小的实习生，根本算不上有经验。这件事情之后，我总结了自己的经验和教训，最后得出的结论就是学会归零。

　　如何归零？我们要学会正视自己的不足，以终生学习的心态去进行每一项工作。无论过去取得多大的成功，我们都需要以归零的心态去面对全新的挑战。

在工作和生活中，如何才能做到归零呢？

首先，保持适当清除的心态。有时候，我们进行一项全新的工作任务，并不需要以往的经验保驾护航。从之前的人生经历中跳出来，以一种全新的心态去面对工作和生活，你会拥有不一样的人生。

我们习惯性地给自己的人生做加法，不断地为自己增加筹码，希望能够在机会到来的时候，有相当的实力去抓住每一个机会。这样的进取心是可取的，但更多的时候，我们应该学会的是给自己的人生做减法。生活中总是会出现一些食之无味、弃之可惜的东西，如果对你的生活已经形成了极大的负担，不如放下吧。

适当地放弃其实是对自己人生的一种放松。只有放弃了那些可能给你的人生带来负担的东西，才能够更清楚地知道自己实际想要的是什么。

其次，保持上进心。无论是复杂的事情重复做，还是简单的事情重复做，保持上进心始终都是很好的法宝和武器。

成功人士能成功，就是因为无论是在顺境还是逆境中，他们都能够保持上进心，明白努力行动的真谛。我之前提到的闺密，她从小就是我们这些朋友的榜样。她清楚地知道自己每一步是在做什么。在家办公需要极强的自制力才能约束自己的行为，但她是一个即使宿舍再怎么吵闹，都能稳如泰山看书的人。

保持上进心，即使刚开始的时候有一些困难，但坚持一下，就能拥有不一样的明天。

最后，去享受现在。享受现在的意思是放下过去，平静地面对未来。只要能够掌握现在的每一个机会，可能在结尾处就会发生不一样的事情。不用焦虑未来的人生，也不用惋惜过去的遗憾，享受现在的每一次开始、每一次结束。能够清楚地知道自己想要什么，最终会有完美的结局。

学会归零心态，以全新的身份去面对人生，与自己达成和解。学会成长，重新开始去面对一切，与全新的生活打一声招呼吧，未来的人生请多多照顾。

2. 坚持——生活中的不平凡

坚持是什么？可能有的人说"在高考的路上我坚持过来了"，有的人说"在选择辞职的时候我坚持过来了"，有的人说"在周围人都反对我的梦想的时候，我坚持过来了"。

人们在平凡生活中坚持着自己的原则。这一章我们主要讲述的问题是"个人管理"，而坚持是"个人管理"中重要的一个部分，没有坚持的行动就没有完美的结局。我们应该如何去面对人生中应该坚持下去的节点呢？

有时候，我们以为一件事情已经做到了极致，但依旧没有看到结果。可能就差 0.01% 的坚持，你没能听到成功的掌声。这也可以说成是 0.01% 决定论，决定你是否能够成功，就在这 0.01% 的坚持。

上大学的时候，有一位学长一直都是我们学校的传奇人物，在大学 4 年的时间里，他每个学期都能拿到各种奖项。

在大二的学校交流项目中，他去了高中时梦想的那所大学。他说：“在那里交流一年的时间里，我更加确定了自己的目标。”他开始准备考研事宜，希望能够进入那所大学就读，最后经过两年的努力，他如愿以偿地进入了那所大学。

因为亲身地体验了那所大学的学习氛围，他清楚地知道自己一定要去那里。同时，他也更加清楚地知道了自己与目标之间的差距，所以能够更加努力地去奋斗。

毕业之后，因为工作上的一些事情，我们之间有了一些交集。谈到那两年的坚持，他说：“其实只是坚持努力罢了。准备考试的时候遇到了一些研友，在考试慢慢来临的时候，自习室的人也在慢慢减少。有的人选择了放弃，有的人准备去考公务员，但我只是选择了自己喜欢的那一个。”对呀，有时候，成功并没有我们想象的那么复杂，只是有的人坚持下来了，所以取得了成功。

有一则这样的小故事：两个人相约一起爬山，但其中一个人在半山腰的时候，觉得自己这一路走来实在是太累了，就在半路停下了脚步；他的同伴则选择继续向上攀登，因此同伴在山顶上看到了最美丽的风景。

这样的小故事经常出现在我们的生活中。有的人坚持了一下，就觉得自己用尽了力气，选择放弃，而最美的风景属于坚持到最后的那个人。

下面我将通过名人事例和我生活中的事例说明坚持的重要性。我希望大家能够抓住机会，成就不平凡的人生。

首先，有志者事竟成。马云小时候并不是大家口中的优秀孩子，而是让人头痛的孩子。在上学的时候，他就一直是家长和老师眼中的笨小孩。从小学一直到大学，他考试没有一次顺利，但面对这样的逆境，他坚持了下来。

在互联网刚兴起的那几年，他对于互联网的未来并不了解，却清楚地知道互联网未来的发展无可匹敌。

在当时的环境中，一个对计算机不了解的人，却说自己要成立互联网网站，在别人的眼中，他有点傻气。马云却相信自己的眼光，心中也已经有了想法，无论能否成功，行动才能去证明是对是错。

　　结果证明，马云的决策是正确的，但这个过程并不是一帆风顺的，马云依旧有过失败，然而他从失败中走了出来，坚持着最初的决断，最后创造了自己的时代。

　　其次，等待时机。稻盛和夫大学毕业之后就进入了一家规模很小的企业就职。在工作了一段时间后，由于企业经营不善，很多员工纷纷选择跳槽。看着不断离开的同事，稻盛和夫的心中也很着急，开始寻找新的工作机会，在寻求未果的情况下，稻盛和夫选择了留下来。

　　经过了很长一段时间的心理斗争，稻盛和夫选择认真对待自己的工作，不断提升自我，最后凭借自己的努力在无机化学领域有了成就。

　　事后谈及当时为什么选择留下来，他说道："原本我也不是一个能够一心一意做事情的人，后来我转变了自己的心态。"

　　逆境其实并不可怕，可怕的是你的选择——面对困难的时候，你选择的处事方式。

　　马云和稻盛和夫的成功不可复制，但他们的成功经验，却是我们可以借鉴和学习的。成功的道路上他们总与坚持相伴。无论遇到什么样的麻烦，他们都能够坚持自己最初的选择，坚持去做正确的事情，用行动和努力去换取一个更好的未来。

　　最后，在平凡中坚持。我身边的一个伙伴，最近因为创业资金周转困难，面临着公司倒闭的危机。他创业的时候，遇到了很多的问题，公司好不容易才正常运转起来，却因为资金链的问题，随时可能倒闭。在这段时间里，他十分焦虑。在焦虑的心情下，他选择了继续坚持，去跟一些投资方谈判，推销自己的产品，希望能有一线生机。

之后，在他的努力下，对方很看好他的公司的发展前景，决定给他的公司投资。在生活和工作中，挫折在所难免，或许我们再坚持一下，就会有不一样的结局。

很多人将坚持挂在嘴边，但真正行动起来去改变现状的人却很少。想要拥有一个理想的生活状态，头脑发热是不能实现的，只有付诸行动，在需要坚持的时候不放弃，才能成就一个全新的人生。

3. 抵制诱惑——才能活出自己

某天和同事一起吃完饭之后，她自然而然地去买了奶茶。我有些惊讶，因为前几天这位同事还吵着嚷着说要减肥，要戒奶茶。

我之所以如此惊讶，是因为她在我印象中属于说一不二的那种人，但那天的事情打破了我之前的认知，原来那个说一不二的人也无法抵抗奶茶的诱惑啊。

其实像这样的诱惑，在我们的生活中很常见。说好了要提前准备的事情却还是拖到了最后，减肥计划被无限期拖延，行动永远跟不上计划。

我们很容易向诱惑低头，有时候我们扔下了任务，却玩了一下午的手机。或许在玩手机的时间里，我们就可以很轻松地完成任务。诱惑在我们的生活中无处不在，大多数人在面对诱惑的时候不自觉地就放松了警惕，败下阵来。

诱惑，在我们的工作、生活中扮演着拦路虎的角色。

成功人士却很清楚地知道人生应该有所坚持，有所放弃。做事情有自己的原则和底线，才能主宰自己的人生，而不是放任诱惑肆意妄为。

我之前一再强调习惯有时候是一个很可怕的东西。当我们习惯性地放弃，其实是一次次地触碰自己的底线，然后就在这样不断放弃的人生中丧失斗志。

就拿减肥这件事情来说，可能很多人刚刚锻炼了两个小时，觉得自己完成得很好，就决定买杯奶茶、吃块炸鸡奖励一下自己。我们容易因为一些小小的成就而给自己更大的奖励，忽视了坚持本来就需要持之以恒。有时候，自己设定好的目标任务没完成，我会去回想到底哪里出现了问题，然后就会发现我的很多时间都被其他一些没有意义的事情挤占了。

为什么坚持不下去？如果是诱惑太大，那么就学会排除干扰因素。

前段时间有个调查报告显示成年人一天之内玩手机的时间是 9 个小时。如果我们这样去算，除去平均睡眠时间 8 个小时，除去玩手机的时间，真正留给我们学习、工作的时间只有 7 个小时。

曾经有段时间，我也痴迷于玩手机，一有空闲就刷新闻、看电视剧，但狂欢过后留给我的是眼睛的极度不舒适和身体的疲惫不堪。

手机是一种便携的生活工具，但不应该是生活的主导。我尝试着在工作和学习的时候远离手机。一般，我会在书房学习和工作，把手机放到客厅，同时删除一些浪费时间、没有实际用处、只能获取短暂刺激的应用程序。

所以说，要想抵制诱惑，做到以下 3 点很重要：

第一，排除干扰因素，找到自己的人生节奏。学会给自己的生活减负，增加一些精神上的满足，而不仅仅是满足于短暂的兴奋和刺激。

第二是专注，进入忘我状态。你是否遇到过这样的事情，当你特别专注地去完成一件事情的时候，你会特别忘我。当我们对某件事情格外关注的时候，我们很容易把自己与外界屏蔽开来而进入忘我状态，而这时候我们就会形成自我保护。

这其实是一种潜意识层面的反应。它能够让你更专注，而诱惑最大的对手就是专注，专注且认真地去处理事情，诱惑就无法得逞。

诱惑与专注之间是敌对的，专注能够有效地提升工作效率，而诱惑会不断地瓦解我们的心理防线，阻碍我们走向成功。所以我们在处理事情的时候，如果你的自控意识薄弱，不妨把干扰因素从工作的场所中移除，然后继续做你应该做的事情。听从自己内心的选择，不要被表面的东西迷惑。

第三，理智应对诱惑。我们需要清醒地知道诱惑无处不在。它无孔不入，我们一不小心就会落入它的陷阱之中，只有保持理智和清醒的头脑，才能冷静应对诱惑。

在心理学上有一个道德许可效应，它的意思是说，我们越强调一件事情的道德标准，越容易做出与道德标准相违背的判断或行为。

它在我们生活中的表现就是我们容易忘记自己的目标，向诱惑低头。还拿上面减肥的例子来说，我们明明知道自己在减肥期间应该少吃油少吃甜，但当我们觉得自己做得很棒的时候，我们就容易产生懈怠的心态，心想吃这一块巧克力也不会怎么样。就这样，减肥任务并没有完成。诱惑是前行的阻碍，学会拒绝诱惑，会走出不一样的人生。

人生的自由是建立在自我选择的基础之上的。你选择什么、拒绝什么，对你接下来的人生有着重要意义。无论是在生活中，还是职场中，学会拒绝诱惑，勇敢地说不，我们会活出不一样的人生。把握现在，并且能够及时调整心态，日积月累之后，我们会发现，那些勇于拒绝诱惑的人才是自己人生的强者。

4. 学会自律——自律就是自由

上中学的时候，我一直迷信被老师和家长推崇的"智商决定论"，觉得自己一辈子也就这样了。有些东西不是说你努力了，就会有好结果，所以干脆不努力了。高中毕业之后，我去了一所普通的大学，在那所大学中，认识了之前提到的那个学长，后来知道他如何去了自己想去的大学。

我开始以学长为目标，不断地摸索，不断地学习提升。在这4年里，我渐渐变得不一样，不再去相信所谓的"天才论"。我相信我也可以去创造属于自己的可能。百转千回，我来到了现在所在的企业，成了自己目标中的人物，也成了身边朋友所说的榜样。而带来这么大改变的正是——自律。

自律，可能前期成效并不明显，但终会使我们发生巨大的改变。

自律就是自由。对于这一点，我深有体会。当你明确了自己的目标，自律会成为你的人生助手，自律会帮助你处理人生道路上的挫折。

自律，是解决问题的关键因素。通过自律，我看到了自己跟优秀的人之间的差距在缩小。

改变，关键要从观念上和行动上开始。

在生活中可以看到很多不自律的现象，比如，你原本打算今天完成某一项任务，突然身边的朋友约你一起吃饭，于是，你下意识地就答应了，这个任务计划被无限推后。

有些人看到这里会把责任归咎于外界环境或者是身边的朋友，没有意识到其实最大的问题出在自己身上，一味地把问题归咎于外界因素，其实也是一种不成熟的表现。拥有明确的个人管理能力的人，他们会从行动开始改变，怨天尤人并不是解决问题的办法。

学会自律，首先要改变时间观念。对于时间观念不强的人来说，时间并不会在短期让我们损失什么。

但它长期带来的损失却是很多人看得见的，这也是为什么我们在之前的内容中会不断强调时间观念的重要性。

前段时间，我接到了快毕业的表妹的电话，她说自己接到了她很喜欢的一家企业的面试邀请，本来兴高采烈地去面试，但最后还是被拒绝了，最主要的原因是她的英语不好。这家企业是一家外企，对于英语的要求自然比其他企业高。

　　她跟我说道："为什么我没有好好练口语呢？"其实有段时间她确实行动了，但并没有坚持太久。正所谓：书到用时方恨少。

　　我们总是习惯了在机会丧失之后才后悔莫及，抱怨自己为什么没有努力。我们应该做的就是对现在的每一个目标负责，在有限的时间内尽最大努力完成任务要求。

　　在要求的时间内完成任务，其实就是一种自律表现。如果在要求的时间内未完成任务，那么你需要的是减少娱乐，把时间花费在未完成的任务上。否则，一推再推得来的只是空虚和焦虑。

　　学会自律，其次是效率提升。其实这也是一个注意力的问题，如果我们在做事情的时候把100%的精力花费在一件事情上，是不会做不好的。

　　学会自律，最后以结果为导向。有项实验表明，当人们一直心心念念于某件事情的时候，就会慢慢向其靠近，这就是有名的"吸引力法则"。以结果为导向，其实就是把目标时刻放在心上。如果一个目标任务实现太困难，长期看不到反馈的结果，那么这件事情无论对谁来说都很困难，在这个过程中，更要做好自律管理。

　　自律就是自由。如果能够做好人生的自律管理，能够在有限时间内不敷衍不拖延，游刃有余地完成任务，在你变得越来越优秀的路上，也会有更好的机会等待着独一无二的你。

5. 强化意识——不做差不多，要做就做到最好

曾经有一部电视剧叫作《宝莲灯》，其中有一个片段讲的是二郎神杨戬和主人公沉香大战，沉香总是差一点击中杨戬，杨戬一边打，一边对沉香说："差一点，差一点，这都是你平时练功的时候觉得差不多，所以紧要关头总是差一点。"

这句话给我的印象很深，因为我当时正带着一个实习生，她的口头禅就是"差不多"。她很聪明，一点就透，但不认真。我很早就跟她说过这个问题，但她回了我一句："做大事要不拘小节。"

结果有一次，我让她核对一份材料的信息。她随便看了看，随口说了一句"差不多"，就把它放一边了。这时，正好有个领导走过来，拿起她放在桌子上的材料，看了几分钟后说："这叫差不多? 这叫差多了! "当天下午，她就接到通知说不用来实习了。

在生活中，谁都不愿意过得那么严谨，但一份工作你做不好的时候，背后会有无数人等着挤掉你。

奥运会的游泳比赛，第一名和第二名之间就差零点几秒。这个零点几秒放在生活中是微乎其微的，甚至可以忽略不计，但在赛场上，它就决定了你获得的是冠军还是亚军。

我们既然知道了差不多的危害，那要怎样去克服它呢?

首先，在日常的生活中，尤其在做事情时绝不能马虎。小时

候听家人讲过我大伯的故事，大伯想学医，但他不想学西医，而是要学中医。家人就托人去找了一位老中医，希望大伯能跟着他学本领。那位老中医看着我大伯，点点头，然后让他每天早中晚各擦三遍桌子，没有告诉他多长时间算合格。

大伯虽然不解，但也照做了。一周之后，他开始偷工减料起来，每天早中晚各擦两遍，然后是一遍，最后，他只在早上擦一遍桌子。

又过了一周，那位老中医突然通知他，让他卷铺盖走人。他很生气，觉得老中医在耍他。中午要离开时，他就闯到了那位老中医家里，要人家给个说法，老中医只对他说了一句话："你没按要求擦桌子。"

大伯回家后越想越生气，要拉着家里人一起去理论。我爷爷就问他为什么不按要求给人家擦桌子，大伯很不耐烦地说："一遍两遍不都一样吗？都是差不多的事情，干吗这么认真？"

我爷爷听了火冒三丈，随手拿起身边的东西掷了过去，骂他说："学医是治病救人，你连擦桌子这种小事都是差不多，那大事得差多少？就你这差不多的性格，在给人治病时不给人家开错药就谢天谢地了。以后再敢给我提学医，再让我听见你说差不多，看我不打死你。"

这件事后来成了我家的笑谈，但笑归笑，其中的道理我明白。

虽然其他的职业不同于学医，但道理是一样的。我刚进职场的时候，家人就跟我说过一句话："做事情不能马虎，小事不马虎，大事不会错。你的工作其实都看在老板眼里，认真点永远是好的。"

其次，严格要求自己，永远做最好的那个。有一次，我在家陪小侄女画画，她画的是一个桃子，她用铅笔画了又擦掉，折腾了1个多小时，还没把桃子的雏形画出来。我就有点好奇，问她说："你不想画桃子吗？为什么总是擦掉呢？"

她边画边说："我想画世界上最美的桃子。"

听到她这句话，我内心充满了自豪，其实我们平时做事也可以学习一下这种精神，不做就不做，但只要做了就要把事情做到最好。小孩子都可以做到，更何况我们呢？

做一件事情，无论你喜欢与否，都要在上面花费时间和精力，为什么不做得好一点，不仅看着赏心悦目，而且也不至于白费力气。我相信很多家长都有辅导孩子写作业的经历，而且这种经历一般都会让人感到非常抓狂。

我有一个朋友曾经这样跟我倾诉，她说她儿子写作业非常令人头痛。其实只有一点儿作业，但他不仅字写得歪七扭八，数学题也频频出错，甚至有时候都不清楚他是故意做错还是真不会。

每次想动手打孩子时，她都会在心里默念三遍说："这是亲生的，这是亲生的，这是亲生的。"然后下手揍他的时候就会轻一些。

　　我们想一下，如果这个孩子从一开始就把事情做好，而不是要被揍一顿之后才能好好写作业，他是不是就可以过得轻松一些？我们又何尝不是呢？如果一开始就想着把事情做到最好，而不是随便应付，哪里还会有后面的种种不顺呢？我朋友的孩子还好，他妈妈揍他时还会手下留情。但如果你做事情不认真，不努力追求做到最好，老板"揍"你时可不讲情面！

　　所以，无论是谁，在工作上或者学习上都不能做"差不多先生"。差之毫厘，谬以千里！

6. 自觉执行——拒绝借口，做事不拖沓

　　拖延症是很多人的通病。过年的时候和朋友聊天，朋友开玩笑说："拖延症阻止我成为下一个马云。"这句话听着很好笑，仔细想想，虽然有点夸张，但确实指出拖延症给人们带来了很多的负面影响。

　　我有一个朋友，她刚进公司的时候给自己制定了很多目标，比如要每天坚持跑步 1 小时，要在年底评上优秀员工，要在 3 年内升职加薪。结果不用说，你也猜到了，她一项都没完成。关于跑步这件事，在刚开始的时候，她买了许多专业跑步器具，但跑

　　了一周之后，她觉得跑步很浪费时间，而且每天要出一身臭汗，所以，跑步的事情就耽搁了。

　　有次我去她家，发现她把自己买的跑步器具挂在了转卖网站上，准备转手卖掉。同时，她也没有完成自己 3 年内升职加薪的宏伟目标，反而被公司辞退了。

　　这个朋友的经历或多或少地都有我们的一些影子，做事情之前踌躇满志，做事情时各种理由拖延，最后混吃等死。

　　这句话看起来很严重，但你静下心来想想自己的生活，刚出校门时的英雄气概是不是慢慢都消磨没了？这里面有生活环境的原因，但生活不是你自己过的吗？所以归根到底，你还得为自己的窘况负责任。

　　我小的时候，不喜欢写作业，每次写作业都很痛苦，但作业又很多，最让我头痛的就是周末。那时候，写字好像不要钱一样，老师一个周末可以让你写一本练习册的字。于是，我开始拖延。每次家人让我写作业，我都用各种理由搪塞。到了周日，下午吃过饭，我就哪儿都不去，开始补作业，但从来没补完过，而且也不知自己写的是什么。第二天，我一定会被老师在全班同学面前批评。而且由于前一天晚上睡眠不足，我上课会打瞌睡。所以，我小学成绩奇差。

　　现在回头看看，作业其实蛮好写的，就是抄抄字而已，基本不需要动脑子。当时，给自己找理由拖延，现在遗憾也无济于事。幸好，我长大后懂得了学习的重要性，并且成绩慢慢好起来了。如果在大事上不懂得拖沓的危害，一副"明日复明日、明日何其多"的样子，后果可要比不写作业严重得多。那么，要怎样做到不遗憾呢？

首先是拒绝借口。我小时候听到过这样一个故事：曾国藩习惯每天练字，无论今天有多忙，他都要练字。一次，他实在太忙了，等把客人送走后，已经半夜了，明天还要上早朝，但他没有立即去睡觉，而是依然练了字之后才去睡觉。后来，我在《曾国藩家书》中看到曾国藩这样说："我的天资很愚钝，比如写字，但我从来没有间断过。直到我晚年的时候，我才觉得自己的字进步了许多。这都是日积月累的结果。"

曾国藩身为晚清重臣，且又处于多事之秋，他每天要处理的事情肯定很多，但他不给自己找借口，督促自己坚持练字。我们需要忧虑的事情难道比他还多吗？所谓"忙"，不过是自己的借口罢了；等什么时候不给自己找借口了，目标就不会远了。

其次是懂得"闭目塞耳"。以前，有个同学向我抱怨她的室友："为什么我做什么事，她都要打击我？比如我练英语口语，她就抱怨我乡下口音，说听我说英语就是受罪。"

"那你怎么不'屏蔽'她？"我反问这个同学。

她沉默良久说："我不好意思。大家都是同学，'屏蔽'之后该怎么来往？"

我们在做事情的时候，肯定也或多或少遇到过这样的人，比如你想考研，就会听到这样的声音："考研的人平时学习成绩都是前几名的，都是拿奖学金的，你呢？你拿过奖学金吗？前20名都没有你呢，你这么差劲还是算了吧。"

久而久之，这样的声音会给你一种错觉，让你觉得考研很难，自己做不到。其实哪有那么恐怖，只是被这些人渲染得恐怖罢了。所以，以后再遇到类似的声音时，我们就可以装作听不到，并且避免和他们谈类似的话题，不然只会让你觉得目标很难，让你"还未开始，就已放弃"。

最后是考虑清楚，不盲目地做。

一次看新闻，说一个小伙子在连续高强度地工作之后，仍然坚持健身，结果猝死在健身房。当天他朋友圈的动态是"虽然很累，但坚持到底就是胜利"。

这句话固然没错，但我更希望我们在做事情时可以有张有弛，而不是不考虑情况，一味去做。比如你想读书，可以立即去读当然没错，但读之前，我更希望你能知道自己要读什么以及不读什么。《道德经》这本书很多人都读过，但并不是都读懂了，甚至在不恰当的时候读这本书是一种"错过"。所以，不拖沓不是冲动，而是考虑清楚后的行动。

每年年初的时候，很多人都设立目标，但年终总结时，这些人又总是被打击。

你应该考虑清楚，踏实去做；不找借口，不好高骛远。天道酬勤，只要努力总会有收获。有时候做事情就像是种田，知道自己想收获什么还不行，还要把种子撒进去，踏实去劳作才行。

7. 吸引定律——物以类聚，人以群分

不知道大家身边是不是有这样一群"社交达人"，他们几乎和所有的人都很熟，如果跟他们一起出去，无论走到哪儿都会有他们的朋友。

以前上学的时候，我有一个男同学，他就是大家公认的社交达人。一次，我和他一起去另一所学校考试，他和五六个人坐在校园里的长廊下聊天。

我很惊讶，回来的时候，我问他说："你的社交能力好强啊，你怎么做到的？"他笑着说："其实也没什么，只是找大家相同的兴趣爱好罢了。我比较喜欢读书、旅游，你没发现吗？我们坐在那儿聊的基本都是关于书和旅游的话题。这也算是一个社交法则

吧，爱好兴趣重叠，自然会吸引到志同道合的人。"

那个男同学的话让我想起了心理学里的一句话："如果你想认识一个人，你先去观察他周围的人，尤其是他的朋友，如果他的朋友乐观、热情的居多，那这个人也一定比较乐观；如果这个人喜欢和沉默少语的人待在一块儿，那这个人也一定不怎么爱说话。"虽然生活中总有很多例外，但不可否认的是，"物以类聚，人以群分"这句话有一定的道理。

如果你是个优秀的人，那么你周围的人也一定很优秀。但具体要怎样做，才能在自己周围聚集一群优秀的人呢？

首先，想要身边的人都比较优秀的话，你得先把自己变成一个优秀的人。

俗话说："一个篱笆三个桩，一个好汉三个帮。"现在是一个信息高度发达的时代，你想要成就一番事业，靠自己的单打独斗是行不通的。阿里巴巴不仅有马云，还有彭蕾等人。

我永远记得自己刚进入职场的时候，我的老板给我的忠告，他说："永远要记得让自己优秀，即使周围的环境很困难，也不能放弃成为优秀的那个人。"

这句话对我的影响很大。很多时候，我们的耳边总会充斥着这样的言论："下班了，就应该去喝酒去唱歌，谁还像个小学生似的闷在家里看书啊。"

被这些言论包围的时候，人们很容易随波逐流，所以要坚定自己的想法。如果自己和别人不一样，那就让我们不一样。毕竟生活是自己的，活成什么样子，和什么样的人在一起，看什么样的风景，在哪儿看风景，取决于你自己。

我的一位大学老师跟我们讲过他上学读书的经历。在他的青年时代，不读书、不上学是一种社会风气。在这种风气的影响下，很多年轻人都用打扑克来打发时间。但我的老师从不参与这种活动，他自己拿着煤油灯，夹着一本书，晚上坐在田里看书。当时的环境很苦，夏日里，微弱的灯光吸引了很多蚊子，坐一会儿就会被叮到怀疑人生，但我的老师从来没有放弃过。

恢复高考那一年，他考上了哈尔滨工业大学。我后来问我的老师："您是怎么坚持下来的呢？"老师说，读书带给他许多东西，不仅在精神方面给他支持，还帮他交到了很多朋友。后来越来越多的人加入了他的夜读，而且那些夜读的人都考上了大学，现在他们之间还保持着联系。

其次，找到自己的位置。找到自己的位置很重要，只有你找到自己的位置的时候，你才能散发出自己的魅力，吸引到和你一样的人。

我以前有个朋友，她是一个性格比较内向的人。她很善良，但存在感很弱。为了改变自己不善交际的性格，她主动和性格奔放的人一起工作。但这样做让她更苦恼，因为周围的环境让她无所适从，而那些性格奔放的人常常会忽略她的情绪。她不但没有开朗起来，反而更郁郁寡欢了。

一次，她去洗手间，听到同一工作组的人在谈论她，说她每天像根木头一样。这时，她所有的委屈都爆发了出来，在卫生间失声痛哭。之后，她问我："我到底做错了什么？这些人为什么这么坏？"

其实我朋友想的也没错，但她忘记找准自己的位置了。每个人的秉性不同，内向也有内向的优势。找到自己的位置，并不意味着守在自己的舒适区不去改变，而是充分了解自己，并且发挥自己的优势。只有找准了自己位置的时候，才能得到一群真正志同道合的朋友。

最后，学会和自己相处。这一点看起来似乎和主题并没有什么关系，却是最重要的。因为无论和谁相处，说到底都是在和自己相处。最让你痛苦的不是别的，而是自己的无能，所以要学会和自己相处。

只有学会和自己相处，只有学会接受自己，你才能正确地看待自己，才能知道自己想要成为什么样的人，以及愿意结交什么样的人。

我以前遇到过一个房地产商，他爱好做慈善。有一次，一个记者把他比作外国一个非常有名的慈善家。这位记者本来是想奉承一下这个房地产商，但没想到，这个房地产商立马变了脸色，说："我和他不是一类人，他也不配和我比。我的钱是我辛辛苦苦挣来的，他的钱都是投机倒把得来的。你怎么能拿他跟我比！"

物以类聚，人以群分。当你优秀的时候，了解自己想要什么，你就会结交到什么样的朋友。

8. 人际管理——学会运用你的人脉资源

前一阵子参加朋友聚会，朋友 A 突然神秘兮兮地告诉我说："你知道吗？ B 最近了不得啊。不知道遇到了什么贵人，她最近不仅升职加薪，而且她老板还打算年后让她去拓展国外业务呢！"

我相信 B 一下子这么走运，肯定不是遇到了什么贵人，而是她自己做了让老板刮目相看的事情。

过了几天，在机场候机时，我刚好遇到了 B。她说年后公司准备让她开拓芬兰的业务，所以她先去看看情况。

我听完后吃了一惊，因为之前从未听过她在芬兰有什么朋友，就问她说："你们老板怎么想到让你去芬兰？难道你在那里有什么人脉吗？"

"哈哈，才不是呢。"她笑着说，"有一次我陪老板出差，结果她的首饰在酒店被偷了。因为在国外，人生地不熟，我就给我原来的一个同学打了电话。他当时正好在中国驻芬兰的大使馆工作，结果没过多久，首饰竟然被找到了。回国后，我老板就决定让我去拓展芬兰的业务。"

以前，我在图书馆中偶然翻到过一本关于人际关系管理的书，其中有一句话让我印象非常深刻，那句话说："一个人的成功与否，不在于你知道什么，而在于你认识谁。"

我曾经遇到过一个很有趣的人。他自己创办了一家塑料公司，公司做得很不错。他在日常生活中很节俭，甚至比他的职员还要朴素，比如说用牙签一定要用双头的。但在出差时，他永远要买头等舱的座位。

我就拿牙签来调侃他，反正都是同一班飞机，这时候怎么如此讲究了。他说："这可不同，坐头等舱的人，通常都比较成功。我如果在头等舱认识一个客户，那给我带来的收益远远大于坐经济舱省下的钱。"

人脉关系很重要。那么，如何才能积累人脉资源呢？

首先，你要学会与人沟通并且学会赞美他人。沟通是一件很平常的事，人们每天必不可少的就是沟通了。虽然它很平常，但很多人并不会沟通。沟通并不意味着喋喋不休，而是要学会倾听。

我以前有一个同学，她长得很漂亮，性格也很好，但她的恋爱总以分手收场。有一次分手后，她半夜找我哭诉，痛骂跟她分手的男生，问我说："我有那么糟糕吗？"我本来想安慰她一下，但刚张开嘴还没说话，她就又不停地诉说她的不幸，结果打了一宿的电话，我总共只说了两句话——"你好"和"拜拜"。

这样的人在我们生活中其实并不少见。她只想讲话，不想倾听，别人好像是她的附属品。

要学会赞美他人，但这并不意味着你要去阿谀奉承，而是要真正看到那个人的优点，并且挑别人最得意的地方去赞美。

我以前有一个助理，她就很会说话。有一次，我穿了一套职业装去公司，很多同事都夸我好有精神，但只有她夸我把衣服穿出了干练的味道。

她很会揣摩我的心理，也知道我追求的是什么。没过多久，我就把她推荐给另一个部门，专门与客户打交道。她现在做得很不错，已经做到了中层领导的位置。

其次，积极参加活动。一个人成功与否，并不取决于他在公司的时间，而取决于他下班之后做了什么。

我除了参加一些商业性的聚会之外，还会参加一些朋友组织的聚会。这常常会带给我很多意想不到的收获。朋友聚会的气氛通常很轻松，大家更容易敞开心扉聊天。虽然有时候闹哄哄的，但确实能听到很多有趣的言论，对开拓自己的思维很有好处。

有一次，我参加了一个朋友组织的聚会，听说了一个故事：有人去欧洲旅行时，那时候欧盟刚刚发行欧元，到了欧洲之后，他发现自己钱包的尺寸容纳不下新发行的欧元，于是只好把钱揣在兜里。他有一个朋友是做皮革生意的，立马调查了一下钱包的尺寸、类型，发现适合欧元尺寸的钱包很少，就连夜赶制新尺寸的钱包，并投放欧洲市场，结果大赚了一笔。

所以，有时候参加一些聚会并不是浪费时间，那也是我们的资源，聚会中有不同的人，认识他们，让他们的想法为你提供新的思路。如果你能用心的话，会发现生活中其实有很多宝藏。

最后，积累人脉资源的同时，也别忘记提升自己。

并不是所有的人脉都叫作资源，在积累人脉资源的同时，也要学会提升自己。如果过于注重人脉资源的积累，而忘记提升自己，其实是一种得不偿失的行为。

当我们遭遇困境的时候，有人帮助我们，这不仅是我们的幸运，也是我们需要感恩的。我们不能忘记提升自己，因为只有提升自己，让自己变得更优秀，你才能更值得别人依靠，你的人脉资源才能更为你所用。

9. 双赢思维——协调工作和生活

工作和生活是人生的重要组成部分，只知道工作而忘记生活，会让人觉得疲惫，毕竟生命中除了工作还有其他需要做的事情。但只看重生活，过于安逸，则会带来很多麻烦，也会失去工作给自己带来的成就感。因而，不论生活还是工作，二者需要兼顾。只有真正协调好工作和生活，才能让自己的人生更加多姿多彩。

通过工作得到的报酬是人们生活的必需品，我们每天喝的水、吃的饭，都需要自己花钱承担。除此之外，工作也是我们生活中成就感的重要来源，它让我们的生活变得充实。

失去工作的人，很容易变得脆弱、无聊。众所周知，"怨妇"这个词是个贬义词。但如果我们留心，就会发现，那些没有工作的女人很容易变成怨妇。因为没有经济来源，所以她们对生活充满了不安。久而久之，她们逐渐丧失自我，无法与人和睦相处。

但如果一个人只看重工作而忘记生活，那在他（她）回首往事时，就会发现自己的记忆中只有工作而没有其他事情。这样的人生同样可悲。

我们每个人活在这世上，不是为了成功，也不是为了金钱，而是为了让自己的生活多姿多彩。人们的生活并不应该只有一种方式，而是应该有许多种不同的生活方式。对于孩子来说，你是父母；对于伴侣来说，你是爱人；对于父母来说，你又是他们的孩子。角色不同，所要承担的责任也各不相同。作为父母，能够照顾生病的孩子；作为伴侣，能够在爱人难过时陪在身边；作为孩子，能够在父母需要时，及时尽到自己的责任。这些都是我们人生中的幸福。如果只埋头于工作，而丢失了这些，才是得不偿失。

生活和工作，不是鱼和熊掌，二者是可以兼得的。只有二者兼得，才能使生命变得完整。这并不是一句空话，而是我根据自身经验总结出来的。

刚开始工作的时候，我一心想干出成绩来，每天工作到很晚，有时候会熬通宵，甚至不吃饭。也正是从那时开始，我的身体素质越来越差；每次到了月末，我都要生一场大病，高烧连续不退，整个人十分萎靡。

后来，我开始反思自己的行为。我对着镜子里的自己问："这是你想要的生活吗？就算是你最后做出了成绩，但一命呜呼，又有什么用呢？"

从那天起，我开始重新调整自己的状态。工作之余，我会出去散步，不再熬夜，提高自己的效率，即使正在做的工作没有完成，我也会暂时放下，去睡觉。

我似乎没有以前努力了，但我的工作并未因此而受到影响，反而做得比以前更好。

　　其实，做到工作和生活双赢很容易，只不过很多人不愿意去做罢了。为何这样说呢？因为很多人对待工作和生活的方式是不同的，这其中有很多值得思考的地方。

　　我以前请过一个研习成功学的人为公司的职员讲课，他讲得很好，很能带动人们的情绪，大家在上他的课时，都像打了鸡血一样，干劲十足。但没过多久，我就把他辞退了。大家都很不解，我承认那个人确实讲得很好。在课下，我也跟他交流过，但我发现，他只会让员工拼命工作，却没打算告诉他们要学会生活、珍惜生活，甚至把生活放在了工作的对立面。

　　我需要的不是这种误导员工的工作理念。我希望我的员工在这里工作，是因为他们在这里有成就感，有尊严感。工作只是他们生活的一个侧面，而不是对立面。在该做什么事情的时候就做什么事情，不要把生活和工作的界限搞混，否则的话，受伤的最终还是自己。

　　生活和工作不应该是敌对的关系，而应该是既亲密又疏离的关系。在享受生活的同时，人们也可以享受工作，享受工作给自己带来的成就感、价值感和荣誉感。该享受生活的时候，也一定不要缺席。因为与工作相比，我觉得更应该被在意的是生活。好好照顾自己和家人，在闲暇时和朋友一起去看看风景，偶尔小聚一下，谈谈彼此近期的情况，也是很不错的。

生活中有这么多美好的事情，怎能轻易错过呢？我们努力工作就是为了让自己生活得更好，所以，千万不要做因小失大的傻事。

10. 未来人生——成为一个高效能人士

无论在生活中还是事业上，成为一个高效能的人是非常重要的。在特定的时间完成特定的事情，不仅会省去许多麻烦，还能更多地享受到生活中的乐趣。在生活中，几乎所有的事情都有时间期限，没有期限的事情很少，但人们经常会被时间期限困扰，工作中的低效能总会把生活搞得一团糟。

不过，没关系，高效能的人也不是从一开始就高效能。他们也都是从自己的经历中学到经验。静下心来，好好思考一下影响自己工作效能的因素，解决它们，做一个合理的规划，成功就会离你越来越近。

前几天，几个辞职考研的朋友谈她们的备考经历，其中一个朋友得到了我们所有人的称赞，她因为怀孕在家无聊才去考研，结果她不仅考上了研究生，还拿到了奖学金。

我很好奇，问她说："怀孕期间不是很辛苦吗？你还要照顾家庭，怎么有时间学习？"她说："也没你们想的那么辛苦，我只是把时间抓得比较紧，也没什么压力，心态比较好。"

其实，只要把时间利用好，把自己的工作效能提高，很多事情做起来就很容易。

低效能的人总是在烦恼，觉得自己的生活很累，每天被工作占满，失去了自我。其实仔细想想，生活中哪有那么多事情呢？只是你总是有意无意地把自己的工作时间延长了而已，珍惜时间固然重要，但高效能地工作更重要。

在学生时代，人们的身边总是不乏这样的学生，他们异常刻苦，终日埋头于书卷之中，然而学习成绩总是不尽如人意。而与之相对的则是另一群人，他们看起来并不那么刻苦，有些爱玩，但成绩就是很好。

难道是前一部分同学笨，后一部分同学聪明吗？当然不是！那为什么二者之间的学习成绩差异如此之大呢？原因就在于效能的高低。之所以强调效能而非效率，是因为效率指的是做事的速度，效能指的则是做事的效率和呈现出来的结果。只有效率而没有好的结果，不如不做。

在工作中也是如此，我们更需要强调效能。同样一件工作，甲完成的速度很快，但内容有很多纰漏，而乙完成的速度可能稍微慢点，但质量很好，那我以后肯定更看重乙而非甲。

关于效能的提高，其实很简单。

第一是工作时要专心。如果你仔细观察人们的工作状态会发现，那些效能低的人在工作的时候，经常看手机。他们常常一边回微信，一边工作；或是一边说笑，一边工作。

这种情况很常见，危害也很大。因为人的大脑虽然可以同时处理很多信息，但每次只能针对某一个信息给出答案。如果你总是一边工作一边说笑，势必会降低工作效率。更何况，说笑永远比你的工作更吸引你。这时，大脑肯定将更多的精力放在说笑上而非工作上，工作上出错的情况也会增加，而你的烦恼也会接踵而来。

第二是学会清除脑袋中的垃圾信息。人们每天的精力总是一定的，如果过多地关注跟工作无关的事情，那么工作时，你的精力就会不够用。比如，开始工作前发生了一件让你不开心的事情，但你又必须赶紧完成工作，怎么办？其实，只要及时把那些与工作无关的垃圾信息清除出脑袋，就可以不影响工作。

确保自己的精力优先给予工作，是高效能工作的必备条件。

刚开始这样做，可能会很不习惯。但如果你真能做到以上两点，你会发现生活如此多姿多彩，你的烦恼也会减少很多。所以，改变一下自己的工作模式吧，即使每天只改变一点，但只要在改变，终可以成功。

就拿我自己来说，我在工作时只处理与工作有关的事情，不会和别人在微信上闲聊。每天分清工作事务的轻重缓急，在脑袋最灵活的时候处理最重要的事情，避免前一阶段中的信息影响自己对重要事情的判断。

这样看起来似乎会让自己过得不轻松或者是单调，但其实恰恰相反，这方法不仅让我减轻了许多负担，而且让我的生活变得更加有趣了。

关于工作中的高效能，我觉得还有一点很重要，就是要学会好好生活。

因为我们高效能地工作就是为了能更好地生活，让自己过得更快乐，所以一定要学会享受生活，健康生活。

之所以说健康的生活很重要，是因为很多人越来越不舍得睡觉，把熬夜追剧、玩手机视为工作一天的奖赏，把熬夜工作看成努力拼搏的象征。

晚上熬夜，白天没有精神。周而复始，形成恶性循环，只会把生活和工作弄得越来越糟糕。所以，不要用那些虚假的努力感动自己，而是要真正珍惜自己的时间和生命；不要在年轻时拼命摧毁自己，年老时又不惜一切代价补救被自己玩坏的身体。这样总是得不偿失。

工作中不如意事常八九，但这并不意味着我们就要默默忍受痛苦。如果能够改变，就竭力去改变吧。

王侯将相宁有种乎？成功的人那么多，为什么不可以是你？成为一个高效能人士，让自己的潜力和能力被人看到，并得到认可。让自己在迈向成功的路上再进一步，成功路上的风景一定会让你觉得所有的努力和付出都是值得的。

图书在版编目（CIP）数据

超级行动力 / 陈默著. -- 西安：太白文艺出版社，
2020.1
ISBN 978-7-5513-1723-8

Ⅰ.①超… Ⅱ.①陈… Ⅲ.①成功心理 – 通俗读物
Ⅳ.① B848.4-49

中国版本图书馆 CIP 数据核字 (2019) 第 234761 号

超级行动力
CHAOJI XINGDONGLI

编　　著：	陈　默	
责任编辑：	刘宇龙	
封面设计：	A BOOK STUDIO Aseven Design 162523829	
版式设计：	倪　博	
出版发行：	陕西新华出版传媒集团	
	太 白 文 艺 出 版 社	
经　　销：	新华书店	
印　　刷：	三河市海新印务有限公司	
开　　本：	880mm×1230mm 1/32	
字　　数：	110千字	
印　　张：	6.25	
版　　次：	2020年1月第1版	
印　　次：	2020年1月第1次印刷	
书　　号：	ISBN 978-7-5513-1723-8	
定　　价：	39.80元	

如有印装质量问题，可寄出版社印制部调换
联系电话：029-81206800
出版社地址：西安市曲江新区登高路 1388 号（邮编：710061）
营销中心电话：029-87277748 029-87217872